U0155262

湖北名茶

及其冲泡技艺

周圣弘 柳娟 著

汕头大学出版社

图书在版编目（CIP）数据

　　湖北名茶及其冲泡技艺 / 周圣弘，柳娟著 . -- 汕头：
汕头大学出版社，2022.5
　　ISBN 978-7-5658-4536-9

　　Ⅰ．①湖… Ⅱ．①周… ②柳… Ⅲ．①茶文化－湖北
Ⅳ．① TS971.21

　　中国版本图书馆 CIP 数据核字（2021）第 270551 号

湖北名茶及其冲泡技艺
HUBEI MINGCHA JIQI CHONGPAO JIYI

著　　者：周圣弘　柳　娟
责任编辑：宋倩倩
责任技编：黄东生
封面设计：黑眼圈工作室
出版发行：汕头大学出版社
　　　　　广东省汕头市大学路 243 号汕头大学校园内　邮政编码：515063
电　　话：0754-82904613
印　　刷：廊坊市海涛印刷有限公司
开　　本：700mm×1000mm　1/16
印　　张：14
字　　数：226 千字
版　　次：2022 年 5 月第 1 版
印　　次：2022 年 5 月第 1 次印刷
定　　价：56.00 元
ISBN 978-7-5658-4536-9

周圣弘，1963 年 8 月生，湖北洪湖人。1986 年 6 月毕业于湖北师范大学，1989 年 6 月毕业于复旦大学硕士班。福建师范大学、华中师范大学、武汉大学国内访问学者。

现任武汉商学院食品科技学院教授，武汉商学院中国茶文化与产业研究所所长，武汉商学院茶学工作室主任，湖北省非物质文化遗产

研究中心主任。兼任中国大红袍研究院院长，中国沔阳三蒸研究院院长，湖北省烹饪与酒店行业协会特邀副会长，湖北省杂文学会副会长。

1985 年以来，发表学术论文百余篇、文学作品百余篇，出版《中国茶文学的文化阐释》《简明中国茶文化》《中国茶文化教程》《武夷茶：诗与韵的阐释》《武夷茶的部落格》《陈德华与大红袍》《魏荫与铁观音》《接受诗学》《接受与批评》《家中的风景：阿弘散文选》等著作 20 余部。主持各类课题 20 余项。策划、担纲大型茶事活动及茶文化讲座 50 余次。

作者简介

柳娟，1998年5月生，湖北松滋人。武汉商学院烹饪与营养教育专业2016级本科生。武汉商学院汉服与茶艺社社长，国家持证茶艺师。

主持国家级大学生创新项目"互联网视阈下的湖北名茶及其冲泡技艺研究"及省级、校级大学生创新训练项目各1项；创编湖北名茶茶艺1个；参与校级科研项目2项；发表学术论文2篇；合编《中国蒸菜研究论文集：1978—2018》；策划、主持校内外茶艺表演或汉服表演活动10余次。

目　录
CONTENTS

绪　　论
湖北，中国茶业的大省

　　湖北省地处长江中上游南北交汇、九省通衢的中心地带，坐落在中国南北特点兼有的北纬 31°的茶叶黄金带上。东邻安徽，南界江西、湖南，西连重庆，西北与陕西接壤，北与河南毗邻。境内崇山峻岭，沟壑纵横，地形复杂，垂直高差显著，形成了多种多样的生物小气候。年平均温度 15—17℃，年平均降水量 800—1600 毫米。土壤有黄棕壤、山地棕色森林土、黄壤等，以砂质壤土居多，一般呈微酸性反应。这些优越的生态环境，为茶树提供了良好的生存条件。从茶树的水平分布看，神农架、荆山、齐岳山、幕阜山、大别山等海拔 1200 米以下的山谷两侧坡面，都有茶树的天然分布。湖北是我国茶树原产地之一。

　　优良的宜茶环境，发达的科技、交通和人文条件，勤劳的荆楚儿女，加上全国34 个省市区中不多见的五座茶山：鄂东大别山、鄂南幕阜山、鄂西武陵山（长江三峡带）、鄂西北秦巴山、鄂中大洪山，应该说湖北具有优质茶业天然的优势。

一、悠久的产茶历史

　　中国是世界茶的故乡。而湖北地区应该是茶的发源地之一。

　　按信史所记，汉代饮茶之风由巴蜀传入荆楚。晋代《荆州土地记》有云："浮陵

（即武陵）茶最好……武陵七县通出茶，最好。"[1] 三国时魏人张揖的《广雅》，最早记载了我国的制茶饮茶情形："荆巴间采叶作饼，叶老者，饼成，以米膏出之。欲煮茗饮，先炙令赤色，捣末置瓷器中，以汤浇覆之，用葱、姜、橘子芼之。"[2] 这是楚人和巴人为中国茶事做出的初步创造。

湖北省茶叶栽培始于三国时期。约 1700 年前，湖北茶叶栽培、加工已有一定基础。唐代竟陵（今天门市）人陆羽撰著的《茶经》，系统介绍了栽茶、制茶、评茶的经验，并记载了当时湖北茶叶产区已扩展到峡州（一作硖州）、襄州、荆州、蕲州、黄州（还有归州），即现在的宜昌、枝城、远安、南漳、襄阳、江陵、蕲春、黄梅、黄州、麻城、巴东、秭归一带。

宋、元、明、清时代，湖北地区一直是我国的主要产茶区。

宋朝茶叶贸易由官府垄断，全国设置 36 个垄断经营茶叶的"榷茶场"，其中 3 个就在湖北，即江陵府、汉阳军、蕲州蕲口。

元朝统治的时间不长，其茶叶生产情况基本和宋朝相差不多。

明清时期，湖北茶叶已经开始出口海外。

清代，是湖北茶叶生产的鼎盛期。从康熙、乾隆到道光年间，边茶和红茶的出口贸易，促进了茶叶的生产。1840 年，仅蒲圻羊楼洞就有红茶庄号 50 多家，年制红茶 10 万箱（每箱 25 千克，计 2500 吨），1850 年达 30 万箱。1861 年后，汉口辟为通商口岸，湖南、安徽、江西及湖北茶叶大量在此集散，汉口成为全国茶叶进出口贸易的主要商埠。1888 年，出口总量为 43000 吨。1915 年，上升到 47510 吨。此后，由于印度、锡兰红茶的兴起，湖北红茶减少，砖茶增加，原产红茶的羊楼洞大量转产老青茶，年制砖茶 30 余万箱（每箱 41—66 千克，计 12300—19800 吨），羊楼洞遂以青砖茶而闻名。[3] 1916—1932 年，湖北茶叶年产量均在 20500 吨左右。1937 年 6 月《湖北年鉴·第一回》载，1936 年湖北茶园面积 31 万亩，年产茶 21400吨。抗日战争期间，湖北茶叶生产遭受严重摧残，1949 年茶园面积仅 13 万亩，总产

[1] 陈祖椝，朱自振. 中国茶叶历史资料选辑 [M]. 北京：农业出版社，1981：204.

[2] 陈祖椝，朱自振. 中国茶叶历史资料选辑 [M]. 北京：农业出版社，1981：203.

[3] 蒲圻市地方志编委会. 蒲圻县志·卷 14[Z]. 武汉：湖北人民出版社，1987.

量 1750 吨。[1]

　　筚路蓝缕七十年。截至 2016 年，湖北省茶园总面积 509 万亩，茶叶总产量 29.6 万吨，总产值 138.5 亿元，综合产值超过 500 亿元；茶园面积、产量均居全国第 4 位，产值居第 5 位。至 2016 年，湖北省现有规模以上茶叶加工龙头企业 300 多家，其中国家级龙头企业 5 家，省级龙头企业 60 余家。2015 年，湖北省出口茶叶企业有 34 家，同比增加了 8 家；出口过千万美元的企业增至 4 家。2015 年，陆羽国际茶业交易中心在武汉光谷成功挂牌，已上线 50 多个中华老字号及龙头企业产品，出货量超过 3000 吨，市值超过 20 亿元。2016 年，湖北省生产红茶 3.12 万吨、黑茶 4.35 万吨，红茶、黑茶产量比重提高到 25 个百分点。湖北绿茶独大的局面也得到改善。2000 年以来，湖北持续开展茶叶板块基地建设，鄂东大别山、鄂南幕阜山、鄂西南武陵山、鄂西北秦巴山、鄂中大洪山"五大茶山"各具特色，茶园面积和产量约占全省的 90%。[2]

图 0-1　湖北省农业"十三五"茶叶种植布局图

　　湖北已经成为名副其实的茶叶生产大省，正在向茶业强省冲刺。

　　[1]　宗庆波 . 湖北省茶产业研究报告 [A]// 李闽榕，杨江帆 . 中国茶业产业研究报告（2010）[R]. 北京：社会科学文献出版社，2011：126.
　　[2]　伍策，冷竹 . 湖北已成为中国茶叶生产大省，正冲刺茶业强省目标 [EB/OL]. 中国网，（2017-08-22）[2018-10-11]. http://www.china.com.cn/travel/txt/2017—08/22/content_41453804.htm.

二、丰富的茶文化资源

湖北有着丰富的茶文化历史资源：既有闻名遐迩的神农、诸葛亮和陆羽三大茶人，也有众多的茶文化历史遗迹，更有流传至今的茶文学艺术珍品和茶文化习俗。厚重的茶文化历史资源，构成湖北茶文化与产业发展的坚实基础。

首先，湖北茶文化资源的突出亮点与三个出自湖北的茶界圣人紧密关联。他们是："茶祖"神农、"茶神"诸葛亮、"茶圣"陆羽。

先说"茶祖"神农。茶之为饮，发乎神农氏，闻于鲁周公。神农是饮茶之祖，当然就是"中华茶祖"。在湖北神农架林区有一个广泛流传的故事：一次，神农采药尝百草时中毒，生命垂危，他顺手从身旁的灌木丛中扯下几片树叶嚼烂吞下去解饥疗渴，不料这几片树叶竟救了神农的命。神农将这种树叶命名为"荼"（后演变为"茶"），并倡导种茶喝茶。从此茶叶恩泽天下。神农架是炎帝神农搭架采药摘茶的地方，他在此"架木为梯，以助攀援"，最后"架木为坛，跨鹤升天"，老百姓就把那一片茫茫林海取名"神农架"，以此纪念神农尝百草造福人间的功绩。为缅怀祖先，颂其伟业，神农架林区人民政府于 1997 年在神农架主峰南麓小当阳兴建神农祭坛一座，塑牛首人身的神农塑像于群山之中，景致恢宏，气宇不凡，蔚为壮观。

再说"茶神"诸葛亮。古往今来，人们大多看重诸葛亮忠君报国的品格和运筹帷幄决胜千里的智慧，而忽略了诸葛亮在兴茶种茶方面的卓越贡献。

诸葛亮 10 岁时随叔父到襄阳隆中隐居 10 年，他躬耕苦读，种茶明志，常与豪杰饮茶纵论，对种茶技术和茶叶功效颇有见地。

民间有许多关于他与茶叶的传说。西南少数民族尊称其为"茶神"。

传说诸葛亮南征时，携带茶叶及其技术在西南蛮夷之地推广，茶叶的除湿排毒、降火祛寒、健脾和胃等保健功效很快就为人们所了解和认同。于是，种茶、吃茶、饮茶之风在西南地区迅速兴起，普洱茶也在当地发展开来。在云南普洱茶产区，人们每年都要祭拜"茶神"诸葛亮；每年农历七月二十三日诸葛亮生日当天，云南勐腊县茶农都要到当地的孔明山饮茶、赏月、放孔明灯，众多村寨举行"茶神"会，祭拜"茶神"诸葛亮和属于武侯遗种的古茶树，祈求茶叶丰收、茶山繁荣、茶农平安。

再说"茶圣"陆羽。陆羽（约 733—804），湖北天门人，他是唐代著名的茶学家，以世界第一部茶学专著《茶经》而闻名于世。他对中国和世界茶业发展做出了卓越的贡献，被誉为"茶仙"，尊为"茶圣"。

陆羽的《茶经》是第一部总结中国唐代及唐以前有关茶事之大成的茶学著作，也是世界第一部茶书，堪称一部茶业的"百科全书"。

在陆羽的故乡，有不少与之相关的茶文化遗迹：天门市的"古雁桥"，传说是当年大雁庇护陆羽的地方；镇北门的"三眼井"是陆羽煮茶取水处，井台旁立有"唐处士陆鸿渐小像碑"；城西陆羽大道旁建有陆羽公园，立有陆羽雕像、凉亭及纪念祠，与之相距约 1 千米的地方是有名的陆羽广场。

其次，湖北茶事的发展为茶文学尤其茶诗的创作提供了广阔的题材，也因此留下了许多兼具审美价值与文献价值的茶文学作品。

在历代湖北茶诗中，所吟大都以茶为主题或与茶有关。

唐代：大诗人李白的《答族侄僧中孚赠玉泉仙人掌茶（并序）》[1]为当阳仙人掌茶青史留名；姚合的《乞新茶》[2]和张籍的《送枝江刘明府》[3]两诗堪称吟咏"碧涧茶"的双璧；郑谷的《峡中寓止二首》和《峡中尝茶》[4]为夷陵茶和峡州小江园茶添了浓墨重彩的一笔。

宋代：有关茶叶的诗文更见其多。欧阳修、三苏父子、黄庭坚、陆游、范成大等人在贬官或途经三峡时都留下了提及三峡茶业的诗文。

宋仁宗景祐三年（1036），被贬为夷陵县令的欧阳修以《夷陵书事寄谢三舍人》[5]一诗，对峡州的历史、地理、特产等做了精辟的概括；两宋之交的郭印在其诗《夔州元宵和曾端伯韵四首》[6]中、南宋范成大在其诗《入秭归界》[7]中、陆游在其《荆

[1] 宁业高，桑传贤.中国历代农业诗歌选[M].北京：农业出版社，1988：76.
[2] 姚合著，刘衍校.姚合诗集校考[M].长沙：岳麓书社，1997：110.
[3] 张籍.张籍诗集[M].北京：中华书局，1959：49.
[4] 蔡镇楚，施兆鹏.中国名家茶诗[M].北京：中国农业出版社，2003：51.
[5] 王锳.欧阳修诗文选注[M].贵阳：贵州人民出版社，1979：17.
[6] 贾雯鹤.夔州诗全集·宋代卷[M].重庆：重庆出版社，2009：85.
[7] 周蓉译.三峡诗译[M].重庆：重庆出版社，1990：238.

州歌》[1]中不约而同地提到了"茱萸茶",从这三首诗中可以发现在宋代三峡地区上、中、下游的夔州、秭归、荆州都有饮用茱萸茶的习俗。

另外,宋代工部员外郎郑文宝的《寒食日经秀上人房》[2]和清代容美土司田九龄的《茶墅》[3]两诗,对京山雨前茶和鄂西容美贡茶的滥觞与流播也功不可没。这些都是弥足珍贵的湖北暨中国茶文化遗产。

最后,流布在湖北各产茶区域的古今茶歌、茶舞和多姿多彩的茶文化习俗,也是湖北茶文化的宝贵资源。它们亟待进一步挖掘整理,以期极大地丰富湖北茶文化的内涵,增强湖北茶叶的文化含量。

三、众多的茶叶名品

自古至今,湖北名茶如繁星闪烁,熠熠生辉。

湖北最早的名茶,产于归州巴东县。早在南朝萧梁时,任昉的《述异记·卷上》中就已经记载:"巴东有真香,其花白色如蔷薇,煎服,令人不眠。"[4]陆羽《茶经·七之事》引《桐君采药录》:"巴东别有真茗茶。"[5]

唐宋时期,湖北是我国主要产茶地区之一。

有唐一代:峡州有碧涧、明月、芳蕊、茱萸簝,江陵有南木,蕲州有蕲门团黄,当阳出仙人掌茶。《新唐书·地理志》言:"蕲州蕲春郡土贡茶,黄州齐安郡土贡松萝。"[6]《元和郡县图志》《新唐书·地理志》《太平寰宇记》皆言归州土贡白茶。[7]《文献通考》云:"片茶有进宝、双胜、宝山……皆出兴国军……大拓枕出江陵。"[8]散茶,龙溪、雨前、雨后出荆湖,阳新桃花山造茶"桃花绝品",其味清香。[9]

---

[1] 黄逸之选注,王新才校订.陆游诗[M].武汉:崇文书局,2014:150.

[2] 诗云:花时懒看花,来诣野僧家。劳师击新火,劝我雨前茶。

[3] 诗云:年时落拓苦飘零,瀹茗闲翻陆羽经。霞外独尝忘世味,丛中深构避喧亭。旗枪布处枝枝翠,雀舌含时叶叶青。万事逡巡谁得料,但逢侑酒莫言醒。

[4] 陈祖槼,朱自振.中国茶叶历史资料选辑[M].北京:农业出版社,1981:207.

[5] 陈祖槼,朱自振.中国茶叶历史资料选辑[M].北京:农业出版社,1981:206.

[6] 吴觉农.中国地方志茶叶历史资料选辑[M].北京:农业出版社,1990:376.

[7] 吴觉农.中国地方志茶叶历史资料选辑[M].北京:农业出版社,1990:378.

[8] 吴觉农.中国地方志茶叶历史资料选辑[M].北京:农业出版社,1990:375.

[9] 吴觉农.中国地方志茶叶历史资料选辑[M].北京:农业出版社,1990:377.

两宋时期：鄂州土产茶，兴国军土产茶，蕲州土产茶，每年采造贡茶，麻城茶，安州茶，松滋碧涧茶，峡州土产茶，归州土产白茶。江陵府江陵郡，土贡碧涧茶芽六百斤。[1]

元代，兴国军所属的通山、大冶、阳新等地俱产茶。

明代，湖北产茶之所以以武昌为首，惟兴国最著。崇阳县西南龙泉山产茶味甘美，号龙泉茶；兴国（今阳新）大坡山产茶，号坡山凤髓；武当山贡骞林叶茶；阳新县桃花山出茶桃花绝品；利川县忠路雾洞坡产雾洞茶。[2]

明代黄一正编成于万历十九年（1591）的《事物绀珠》"卷四十·茶类·今茶名"记载了当时的湖北茶：仙人掌茶、崇阳茶、嘉鱼茶、蒲圻茶、蕲茶、荆州茶、施州茶。

清时，湖北各地植茶已相当普遍。清末，蒲圻羊楼洞所产茶品有物华、精华、月华、春华、天华、夺魁、赛春、一品、谷芽、谷蕊、仙掌、如栀、永芳、宝蕙、二五、龙须、凤尾、奇峰、乌龙、华宝、惠兰等二十四种之多；崇阳县西七十里龙窖山产龙渊茶；武昌县南一百四十里黄龙山产云雾茶极佳；江夏县东南六十里灵泉山产云雾茶；通山县城南九十里三界山产云雾茶入贡；咸宁县，乡间况事红茶；五峰县邑属水浕、石梁、白溢等处产茶，清明节采者为雨前细茶，谷雨节采者为谷雨细茶，并有白毛尖，萌勾（亦曰茸勾等名）；王峰渚山产茶，统名峒茶；远安县，茶以鹿苑为绝品；利川县南一百三十里乌通山产乌通茶，忠路雾洞坡产雾洞茶；鹤峰县神仙园、陶溪二处茶为上品，容美贡茶闻名朝野，丙子年（1876）广商来州采办红茶载至汉口兑易洋人，称为高品；黄梅县西北紫云山有僧人植茶，号紫云茶。《大清一统志》云："武昌府、宜昌府、施南府皆土贡茶。襄阳府土贡骞林叶茶。"[3]

1977年开始，湖北省每年进行一次名优茶鉴评，促进了全省名优茶的发展。1983年，全省共评出恩施玉露、远安鹿苑、车云山毛尖、玉泉仙人掌、天台翠峰、竹溪龙峰、双桥毛尖、柏墩龙井、熊洞云雾、龙泉茶、容美茶11个地方名茶和棋盘山、九皇山、邓村、松峰、隆中、长冲6个优质炒青茶，作为名优茶编入《湖北名茶》；1985年，宜昌县峡州碧峰茶和蒲圻县羊楼洞松峰绿茶，被农业部和湖北省评为优质

[1] 王存撰；魏嵩山，王文楚点校.元丰九域志[M].北京：中华书局，1984.

[2] 吴觉农.中国地方志茶叶历史资料选辑[M].北京：农业出版社，1990：372-379.

[3] 吴觉农.中国地方志茶叶历史资料选辑[M].北京：农业出版社，1990：372-379.

茶；1989 年，随州市棋盘山毛尖茶被农业部评为全国名茶；1991 年，咸宁浮山茶场
生产的剑春茶和阳新金竹尖茶场生产的金竹云峰茶，获首届中国杭州国际茶文化节
文化名茶奖；1992 年，全省共评出邓村云雾、鄂南剑春、恩施玉露、江夏碧舫、隆
中白毫、玉茗露、挪园青峰、武当针井、远安鹿苑、魁峰毛尖、雾洞绿峰、竹溪龙峰、
金竹云峰、龟山岩绿、株山银峰、松滋碧涧、五峰春眉、神农奇峰、白云春毫、西
厢碧玉簪 20 个名茶，以及昭君毛尖、天堂云雾、武当老君眉等 55 个一等优质绿茶；
1992 年 10 月的北京首届中国农业博览会上，金竹云峰获银质奖，江夏碧舫茶、株山
银峰茶获铜质奖。

　　2010 年来，各地进一步打破区域界线，不断加大现有品牌整合力度，积极引导
和支持重点龙头企业和专业合作组织打造大品牌，继“十一五”推出湖北名茶第一
品牌采花毛尖、湖北第一历史名茶恩施玉露、湖北第一文化名茶武当道茶和萧氏茶
之后，又推出湖北生态名茶黄鹤楼茶、大别山生态名茶英山云雾茶和中华孝文化名
茶大别山悟道茶、湖北高香型名茶襄阳高香茶，以及青砖茶、宜红茶等知名品牌，
全省“十大茶品牌”的知名度和竞争力不断提高。通过大力实施“北进京、东入沪、
南下港、走出国门”的“走出去、请进来”品牌战略，先后在武汉、香港、上海、北京、
山东、俄罗斯、广东等地开展湖北品牌茶推介活动；重走“万里茶道”，在武汉汉
口江滩举办“东方茶港”立碑仪式暨湖北斗茶大赛，把湖北青砖茶赠给普京总统；
宜昌、恩施、英山、谷城、赤壁等每年举办茶叶节等一系列重大茶事活动，湖北优
势茶区和茶品牌的社会知名度不断提升。近几年，湖北省昭君、羊楼洞、汉家刘氏、
玉皇剑 4 个茶叶品牌获“中国驰名商标”称号，使湖北省中国驰名商标数增加到 8
个。夷陵邓村、五峰、英山、大悟、竹溪、谷城、恩施芭蕉、利川毛坝、恩施、赤
壁 10 县市（乡）被评为“中国名茶之乡”。采花茶业、萧氏集团、邓村绿茶、黄鹤
楼茶、汉家刘氏、湖北宜红、羊楼洞茶业、五峰千珠碧等企业被授予“中国茶业百
强企业”称号，保康县、宜都市被评选为全国重点产茶县。湖北省恩施玉露制作技艺、
赵李桥砖茶制作技艺 2 项传统技艺入选国务院第四批国家级非物质文化遗产代表性

项目名录。[1]

截至 2016 年，湖北已有 20 多个茶叶产品获得"中国驰名商标"称号，30 多个产品获得"国家地理标志产品"称号，1 个产品获称"中华老字号"。2017 年，武当道茶、恩施玉露被农业部评为"中国优秀区域公共品牌"。尤其是 1999 年以来，湖北省农业管理部门不间断地举办了多届"湖北十大名茶"评选活动，涌现出来不少区域性或全国性名茶。它们是：采花毛尖、松针茶、峡州碧峰、邓村绿茶、水镜茗芽、龙峰茶、松峰茶、恩施富硒茶、英山云雾茶、归真茶、保康绿针、大悟寿眉、绿林翠峰、温泉毫峰、荆山锦牌有机茶、圣水毛尖、萧氏绿茶、萧氏茗茶、鹤峰翠泉茶、伍家台贡茶、大悟绿茶、保康真香茶、玉皇剑茶，等等。

四、滞后的泡饮方式

虽然有着优越的自然条件、悠久的产茶历史、丰富的茶文化资源和众多的茶叶名品，湖北茶叶尤其是名茶的冲泡与品饮方式 —— 大杯泡大口喝绿茶，与中国其他茶区相比却滞后不少。个中缘由，与地处内陆的千湖之省湖北的湿热气候、厚重的农耕文明所孕育的饮食方式等因素不无关系。

自 1978 年以来，中国历经了 40 多年的改革开放，我们的物质生活也经历了从一无所有到全副武装的过程，物质空前丰富。在新的时代，让我们获得满足的不再只是金钱和物质，还有精神层面的充实感。

也因此，作为与柴米油盐酱醋并列的物质层面的茶，也正不知不觉地升华至与琴棋书画诗酒并置的精神层面。喝茶，不仅要喝出健康，也要喝出文化喝出品位。以茶修身，以茶养性，以茶得道。所以，我们有必要学习如何泡好一壶茶，并且懂得如何享受一杯茶。

泡好一壶茶的技术和享受一杯茶的艺术，其实就是茶艺。日常生活中，人人都能泡茶、喝茶，但要真正泡好茶喝好茶却并非易事。泡好一壶茶和享受一杯茶也要涉及广泛的内容，如识茶、选茶、泡茶、品茶、茶叶经营、茶文化、茶艺美学等。

---

[1] 宗庆波，龚自明，匡胜.湖北省茶产业"十二五"回顾与"十三五"展望 [J].中国茶叶加工，2016（03）：26.

因此泡茶、喝茶是一项技艺、一门艺术。

《湖北名茶及其冲泡技艺》就是一本改善湖北茶叶的冲泡与品饮方式、为湖北茶文化建设和湖北茶产业的发展添砖加瓦的茶文化读本。希望我们的愿望能够达成。

第一章　茶叶的基本知识

中华民族是世界上最早发现和利用、栽培茶树的民族，也是第一个将茶与民族文化相结合而形成茶文化的民族。目前全球约有60个国家种植茶叶，160多个国家和地区有茶叶消费的习惯，但只有中国才是茶树的原产地，其他国家的茶叶都是直接或间接由中国传入。茶叶传入这些国家时，中国茶文化里的很多元素也为他们所接受，最直接的就是饮茶方式。随着茶叶在这些国家的发展，茶叶也渐渐成为他们生活的一部分，逐渐渗透进他们的文化里，形成了具有各国特色的茶文化。已有1000多年历史的韩国、日本茶道都是起源于中国，而且还较完整地保留了我国唐宋饮茶文化的遗风，所以说中国茶文化是世界茶文化的摇篮，是世界文化的一颗璀璨明珠。

茶是大自然送给华夏民族最珍贵最健康的礼物，偶然被神农氏发现。

这片东方神奇的树叶，从它被发现时起就展现了非凡的功能，拯救了中华民族的农业之祖和医药之祖。从此，中国人开始了对茶的利用及栽培。茶同时也赋予了中国人神圣的使命，那就是将这种灵叶传遍世界各地，保护全世界人的健康。中国人不负所托，在经历了咀嚼鲜叶、生煮羹饮、晒干收藏到蒸青做饼之后，茶不再只是一种简单的饮料了，它除了能解渴养身，还能给人美的享受。就是这种美丽，吸引了各国到中国的旅游者、使者和商贸家，他们回国时就将茶叶、茶籽和茶的做法带回了自己的国家，然后再通过各国商贸往来传至世界各国。所以，世界各国的茶树和饮茶风俗，都是直接或间接来源于中国。

第一节　中国是世界茶树的发源地

一、世界茶树起源争论阶段

20世纪60年代以前，茶树的起源地一直是学术界争论的问题。大家各持己见，均有理论和事实依据，谁也说服不了谁。因此，关于茶树的起源地，也就产生了四种观点：原产印度说，二元论，多元论，原产中国说。

（一）原产印度说

1824年，驻印度的英国勃鲁士少校在印度阿萨姆发现了野生茶树，树高10米。国外有的学者以此为凭对中国是茶树的原产地提出了异议，他们认为印度才是茶树的原产地。其依据除了野生大茶树的发现，还有印度也是古文明国之一，当时印度茶叶的名气比中国茶还要响。

这是一场由英国人引发的争论。

印度的茶叶是因英国才有大的发展。早在印度成为英国的殖民地之前，英国就盛行饮茶之风。1757—1849年，英国政府通过东印度公司进行了一系列侵略印度的战争，为了满足英国对茶叶的大量需求，东印度公司于1780年把中国茶籽传入印度，并从中国聘请技术人员在印度种植茶树，大力发展茶业。至19世纪后叶，印度已成为世界茶叶大国，茶叶产量和出口排名世界第一，以红茶为主，所产红茶品质优异。20世纪初，世界四大著名红茶（祁门红茶、阿萨姆红茶、大吉岭红茶、锡兰高地红茶）中，印度就占了两席。所以，英国人引发这样一场争论是偶然也是必然。必然是茶树原产印度说有助于进一步提升印度茶叶的国际地位，英国可以从中获利；偶然是野生大茶树的发现，给了他们这样的契机。

（二）二元论

部分学者在提出印度是茶树原产地的观点后，遭到我国和其他国家一些学者的反驳，依据是我国是最早有关茶的文字记载的国家，并引发原产地争论。1919 年，印度尼西亚植物学家科恩·司徒（Cohen Stuart）在乔治·瓦特（George Watt）分类的基础上，将茶树分为 4 个变种：武夷变种、中国大叶变种、掸邦变种、阿萨姆变种。在此基础上，他提出茶树起源的二元论说，即茶树因形态上的不同可分为两个原产地：一为大叶种，原产于中国西藏高原的东部（包括四川，云南）一带，以及越南、缅甸、泰国、印度阿萨姆等地；二为小叶种，原产于中国东部和东南部。

（三）多元论

1935 年威廉·乌克斯（William H. Ukers）提出多元论，认为凡是自然条件适合而又有野生植被的地方都是茶树原产地，包括泰国北部、缅甸东部、越南、中国云南、印度阿萨姆。威廉·乌克斯在他所著的《茶叶全书》（1937）的开篇便写道："茶之起源，远在中国古代，历史既久，事迹难考。"[1] 此话看似由作者对中国茶叶的发展历史做了大量研究才得出，实则不然。作者既没有对中国茶叶做切实研究，也没有对云南境内的生态气候做过考察。在该章的后面作者又这样叙述："自然茶园在东南亚洲之季候风区域，至今多数野生植物中，尚可发见野生茶树，暹罗北部之老挝（Laos-Sate 或 Shan）、东缅甸、云南、上交趾支那及英领印度之森林中，亦尚有野生或原始之茶树。因此茶可视为东南亚洲（包括印度与中国在内）部分之原有植物，在发现野生茶树之地带，虽有政治上之境界，别为印度、缅甸、暹罗、云南、交趾支那等，但究系一种人为界线。在人类未虑及划分此界线以前，该处早成为一原始之茶园，其茶叶气候及雨量状况，均配合适当，以促进茶树之自然繁殖。"[2]

---

[1] 威廉·乌克斯著；吴觉农主编；中国茶叶研究社翻译. 茶叶全书·上 [M]. 上海：中国茶叶研究社，1949：1.

[2] 威廉·乌克斯著；吴觉农主编；中国茶叶研究社翻译. 茶叶全书·上 [M]. 上海：中国茶叶研究社，1949：4.

（四）原产中国说

自古以来世界各国学者认为茶是原产于中国的，中国人也是这么认为的，对于这种公认的事情大家觉得似乎没有研究的必要和价值，所以在茶树原产地引起争论前，大家从没想过要去寻找茶树原产中国的证据和理论。1824 年茶树原产印度说的观点被提出来，并拥有一大批追随者后，国人才感觉到一向认可的真理遭到了前所未有的挑战，于是，有的学者遂开始了翻阅史料典籍，到云贵高原实地考察，为茶树原产中国找出确切依据。

1. *严谨的学术论文*

当代茶圣吴觉农在这方面做出了巨大贡献。1919 年，吴觉农留学日本期间就注意收集资料，回国后潜心研究，于 1923 年撰写了《茶树原产地考》一文。该文对茶树起源于中国做了论证，这是有文献记载以来第一篇运用史实驳斥勃鲁士"茶树原产于印度"的观点的论文；该文同时也批判了 1911 年出版的《日本大辞典》关于"茶的自生地在印度阿萨姆"的错误观点。1979 年，吴觉农又发表了《我国西南地区是世界茶树的原产地》一文，认为茶树原产地是指茶树在这个地区发生发展的整个历史过程，既包括它的祖先后裔，也包括它的姊妹兄弟。因此，他应用古地理、古气候、古生物学的观点指出我国西南地区符合茶树起源中心。首先，我国西南地区原处于劳亚古北大陆的南缘，面临泰提斯海，在地质史上的喜马拉雅运动以前，这里气候温热，雨量充沛，是地球上种子植物发生滋长、不断演化的优质地区，也是许多高等植物的发源地。茶树属被子植物门（Angiospermae），双子叶植物纲（Dicotyledoneae），山茶目（Theales），山茶科（Theaceae），山茶属（Camellia），茶种（Camellia sinensis）。通过植物分类学的关系，可以找到它的亲缘。山茶科植物共有 23 属 380 余种，分布在我国西南的有 260 多种。就茶属来说，已发现的约 100 种中我国西南地区即有 60 多种，符合起源中心在某一地区集中的立论。其次，吴觉农认为，喜马拉雅运动开始，我国西南地区形成了川滇纵谷和云贵高原，分割出许多小地貌和小气候区，原来生长在这里的茶种植物，被分置在寒带、温带、亚热带和热带气候中，各自向着与环境相适应的方向演化。位置在河谷下游多雨的炎热地带，演化成为掸部种；适应河谷中游亚热带气候演化成云南 — 川黔大叶种；处于河谷斜坡温带气候的，则逐步筛选出耐寒、耐旱、耐阴的小叶种。只有我国西南地区才具备引起种内变异的外部条件，当然，上述各个变种的形态都是同一个祖先传下来的后代。[1]

2. 野生大茶树

我国野生大茶树有 4 个集中分布区，一是滇南、滇西南，二是滇、桂、黔毗邻区，三是滇、川、黔毗邻区，四是粤、赣、湘毗邻区，少数散见于福建、台湾和海南。野生大茶树主要集结在北纬 30° 线以南，其中尤以北纬 25° 线附近居多，并沿着北回归线向两侧扩散，这与山茶属植物的地理分布规律是一致的，它对研究山茶属的演变途径有着重要的价值。据不完全统计，现在全国 10 个省区 198 处发现有野生大茶树。其中云南省树干直径在 100 厘米以上的就有十多株，思茅地区镇沅县九甲区和平乡千家寨发现野生茶树群落数千亩。

现介绍几株非常著名的野生大茶树：① 1961 年在海拔 1500 米的云南省勐海县巴达的大黑山密林中，发现一株树高 32.12 米（前几年，树的上部已被大风吹倒，现高 14.7 米），胸围 2.9 米的野生大茶树，估计树龄已达 1700 年；②在云南省澜沧县帕令山原始森林中，有一株树高 21.6 米，树干胸围 1.9 米的野生大茶树；③镇沅古茶树（图 1-1）：所在地海拔 2450 米，乔木树型，树姿直立，分枝较稀，树高 25.6 米，树幅 22 米，基部干径 1.12 米，胸径 0.89 米；④邦崴过渡型古茶树（图 1-2）：澜沧县富东乡邦崴村，有一株树高 11.8 米，树幅 9 米，树干基部 1.14 米，年龄在 1000 岁左右的大茶树，经多位专家鉴定，这株既有野生大茶树花果形态特征，又有栽培茶树芽叶枝梢特点的茶树为古老过渡型大茶树，这一发现填补了茶叶演化史上的一个重要缺环，同时也成为中国是世界茶叶起源地和发祥地、云南思茅是世界最早种茶之地的最为有力的证据。

[1] 吴觉农，吕允福等 . 我国西南地区是世界茶树的原产地 [J]. 茶叶，1979（1）：8-10.

图 1-1　镇沅古茶树　　　　　　图 1-2　邦崴过渡型古茶树

二、世界茶树起源中国说

当世界茶树起源于中国的观点被所有人认可后，中国各地却开始了原产于中国哪里的争论，主要有五种观点：云贵高原说、四川说、云南说、川东鄂西说、江浙说。其中云贵高原说、四川说和云南说又统称"西南说"。[1]

1. 云贵高原说

我国云贵高原是茶树的原产地和茶叶发源地。这一说法所指的范围很大，所以正确性就较高了。主要有以下几个依据：①云贵高原是山茶科植物的分布中心；②云贵高原发现大量野生茶树；③云贵高原野生茶树的生化特性属于原始类型；④云贵高原发现茶籽化石。

2. 四川说

清代顾炎武《日知录》："自秦人取蜀而后，始有茗饮之事。"[2]言下之意，秦人入蜀前，今四川一带已知饮茶。其实四川就在西南，四川说成立，那么西南说就成立了。

————————

[1]　苏向东 . 茶树及饮茶的起源 [EB/OL]. （2007-09-06）[2018-08-05].http//www.china.com.cn/aboutchina/zhuanti/cwh07/2007-09/06/content_8830025_2.htm.

[2]　陈祖椝，朱自振 . 中国茶叶历史资料选辑 [M]. 北京：农业出版社，1981：349.

3. 云南说

认为云南的西双版纳一带是茶树的发源地，这一带是植物的王国，有原生的茶树种类存在完全是可能的，但是茶树是可以原生的，而茶则是活化劳动的成果。

4. 川东鄂西说

陆羽《茶经》："其巴山峡川，有两人合抱者。"[1] 巴山峡川即今川东鄂西。该地有如此茶树，是否有人将其利用成了茶叶，没有见到证据。

5. 江浙说

江浙一带目前是我国茶行业最为发达的地区，历史若能够在此生根，倒是很有意义的话题。

综合国内外专家对世界各地野生茶的考察结果，世界上现已报告的有关野生大茶树的分布地域中，最多且分布最集中的地区就是中国的西南地区。这就进一步证明了中国西南地区作为茶树原产地的可靠性。

争论归争论，事实终归是事实。正如达尔文所说：每一个物种都有它的起源中心，这一中心是特种分布区的起源中心。因此，那种调和的观点或笼统地认为茶树起源于一个广泛地区的看法都是站不住脚的，至少是不够确切的。国际茶学界尤其是中国学者经过百余年的孜孜探求，已经从各个方面获得了大量的科学资料，充分证明中国是茶树的原产地，中国是茶的故乡。

第二节　中国悠久的饮茶历史

神农发现茶是因为茶的解毒作用，所以茶最初是作为药用的，后来逐步发展成食用，最后方以饮用为主。

---

[1] 陆羽. 茶经・卷上・一之源 [M]// 朱自振，沈冬梅. 中国古代茶书集成. 上海：上海文化出版社，2010：5.

一、药食同源阶段

神农尝百草"日遇七十二毒，得茶而解之"的传说告诉我们，人们对茶最原始的利用方法是生吃鲜叶，作为可以解毒治病的药。茶作为药用一段时间后，人们发现茶与普通的药材不一样，久食多食都不会不适，还令人精神充盈，于是慢慢地将茶叶当作日常充饥的食物也就顺理成章了。茶有多种食用方法，可以直接生吃，可以凉拌生吃，可以腌熟再吃即腌茶，也可以做成羹汤食用。我国西南边境的少数民族，现在仍然保留了原始的生吃茶法。

据已有文献可知，茶的食用记载始见于《晏子春秋》："婴相齐景公时，食脱粟之饭，炙三戈、五卵茗菜而已。"[1] 晋代郭璞（276—324）《尔雅》对"槚，苦茶"的注释"树小如栀子，冬生叶，可煮作羹饮"[2]，说明茶可羹饮。《广陵耆老传》："晋元帝时，有老姥，每旦独提一器茗，往市鬻之，市人竞买，自旦至夕，其器不减。"[3] 唐代，人们将茶主要作为饮料，但还保持着食茶的习俗，诗人储光羲曾写诗《吃茗粥作》，描述夏日吃茗粥的情景："当昼暑气盛，鸟雀静不飞。念君高梧阴，复解山中衣。数片远云度，曾不蔽炎晖。淹留膳茶粥，共我饭蕨薇。敝庐既不远，日暮徐徐归。"[4]

二、文化茗饮阶段

至于从食用发展到饮用应该是社会进步的必然，在把茶叶做成羹汤食用时就有人发现汤汁的味道很好，而汤料吃起来会苦涩。在食物不够的情况下自然也要将汤

---

[1]　出自《晏子春秋》卷第六《内篇杂下第六·景公以晏子衣食弊薄使田无宇致封邑晏子辞第十九》。《晏子春秋》原为："晏子相齐，衣十升之布，食脱粟之食，五卵、苔菜而已。"陆羽《茶经·七之事》作"婴相齐景公时，食脱粟之饭，炙三弋、五卵、茗菜而已"，陆羽所引或有误。

[2]　陈祖椝，朱自振.中国茶叶历史资料选辑[M].北京：农业出版社，1981：201.

[3]　陆羽.茶经·卷下·七之事[M]//朱自振，沈冬梅.中国古代茶书集成.上海：上海文化出版社，2010：12.

[4]　刘枫主编.历代茶诗选注[M].北京：中央文献出版社，2009：8.

料吃完充饥，那么当社会发展到有足够的食物可以解决饥饿后，很多人就只喝汤汁了，从某种程度上来说，这便是饮用了。从此，茶便以饮用为主出现在人们的日常生活里。最古老最原始的饮茶方法是"焙茶"，即将茶叶简单加工（放在火上烘烤成焦黄色）后放进壶内煮饮。为了改善这种饮料的风味，人们便开始了茶叶的加工制作，从加工方式、茶叶形状、成茶风味等方面不断加以研究改进，使茶叶加工取得了很大发展，从蒸青到炒青，从饼茶到散茶，最终演化出六大茶类。

（一）蒸青作饼

三国时期已有蒸茶作饼并将饼茶干燥贮藏的做法。张揖《广雅》中记载："荆巴间采茶作饼，叶老者，饼成，以米膏出之。欲煮茗饮，先炙令赤色，捣末置瓷器中，以汤浇覆之，用葱、姜、橘子芼之。其饮醒酒，令人不眠。"[1] 到了唐代，蒸茶作饼逐渐完善，陆羽《茶经》有载："晴，采之，蒸之，捣之，拍之，焙之，穿之，封之，茶之干矣。"[2]

宋代仍然以蒸青作饼为主，且由于贡茶的兴起，制茶技术不断创新。宋代熊蕃的《宣和北苑贡茶录》载："采茶北苑，初造研膏，继造蜡面。"[3] 宋徽宗的《大观茶论》记载："本朝之兴，岁修建溪之贡，龙团凤饼，名冠天下。"[4] 赵汝砺在《北苑别录》中详细记载了龙凤团茶的制作之法，分采茶、拣茶、蒸茶、榨茶、研茶、造茶、过黄、外焙等工序。[5]

（二）从饼茶到散茶

元代以前的文献中对茶叶加工制作的描述几乎都是饼茶，虽有少量散茶但非主流，后来人们逐渐意识到做饼不仅麻烦，还损茶味，所以开始做散茶。如《王祯农书》中有一段关于制茶的记载："采讫，以甑微蒸，生熟得所。生则味硬，熟则味减。蒸

---

[1] 陆羽.茶经·卷下·七之事[M]//朱自振，沈冬梅.中国古代茶书集成.上海：上海文化出版社，2010：10.

[2] 陆羽.茶经·卷上·三之造[M]//朱自振，沈冬梅.中国古代茶书集成.上海：上海文化出版社，2010：6.

[3] 熊蕃.宣和北苑贡茶录[M].北京：中华书局，1991：7.

[4] 朱自振，沈冬梅.中国古代茶书集成[M].上海：上海文化出版社，2010：124.

[5] 朱自振，沈冬梅.中国古代茶书集成[M].上海：上海文化出版社，2010：150-155.

已，用筐箔薄摊，乘湿略揉之，入焙匀布火烘令干，勿使焦。编竹为焙。裹箬复之，以收火气。" [1] 从这段话中我们可以看出，蒸青后轻揉，然后烘干，并没有做饼造型的过程。但是元代饮茶之风不是很浓，所以散茶的影响力不是很大。因此，大部分学者认为散茶代替饼茶成为主流是在明代。明太祖朱元璋在洪武二十四年（1391）下了一道诏令，废龙团贡茶而改贡散茶，以芽茶进贡，于是散茶便迅速取代了饼茶的地位。据说朱元璋很喜欢喝茶，但他出身农民，觉得唐宋的煎茶和点茶太烦琐，最方便的就是一泡就喝（一瀹而啜），但他又不愿承认自己玩不来高雅的东西，于是下令改饼茶为散茶，理由当然是劳民伤财。此令虽出于皇帝面子而下诏，但意义甚大，不仅使散茶成为主流，而且使直接冲泡散茶代替了宋代的点茶法，将中国的茶饮推向一个新的阶段。

（三）从蒸青到炒青

炒青技术在唐代已有之，但不多见。刘禹锡的《西山兰若试茶歌》："山僧后檐茶数丛，春来映竹抽新茸。宛然为客振衣起，自傍芳丛摘鹰觜。斯须炒成满室香，便酌砌下金沙水……" [2] 诗中"斯须炒成满室香"便体现了诗人当时所喝之茶并非蒸青茶，而是炒青茶。"炒青"一词，最早出现于陆游的《过武连县北柳池安国院煮泉试日铸顾渚茶院有》的注释中（日铸则越茶矣，不团不饼，而曰炒青，曰苍鹰爪，则撮泡矣）。唐宋关于炒青之法的记载很少，而明代的多部茶书中均有炒青之法的记载，如张源的《茶录》、许次纾的《茶疏》、罗廪的《茶解》，可见炒青在明代时逐步取代了蒸青。

（四）从绿茶到其他茶类 [3]

1. 黄茶的起源

绿茶的基本工艺是杀青、揉捻、干燥，制成的茶绿汤绿叶，故称绿茶。当绿茶炒制工艺掌握不当，如炒青杀青温度低，蒸青杀青时间过长，或杀青后未及时摊凉及时揉捻，或揉捻后未及时烘干、炒干，堆积过久，就会使叶子变黄，产生黄叶黄

---

[1] 王祯. 农书（卷十·百谷谱）[M]. 北京：中华书局，1956.

[2] 蔡镇楚，施兆鹏. 中国名家茶诗 [M]. 北京：中国农业出版社，2003：23.

[3] 周巨根，朱永兴. 茶学概论 [M]. 北京：中国中医药出版社，2007：87-88.

汤，类似后来出现的黄茶。因此黄茶的产生可能是从绿茶制法掌握不当演变而来。明代许次纾在《茶疏》（1597）中也记载了这种演变的历史："顾彼山中不善制法，就于食铛大薪焙炒，未及出釜，业已焦枯，讵堪用哉？兼以竹造巨笱，乘热便贮，虽有绿枝紫笋，辄就萎黄，仅供下食，奚堪品斗。"[1]

2. 黑茶的起源

绿毛茶堆积后发酵，渥成黑色，这就是产生黑茶的过程。

明代嘉靖三年（1524），御史陈讲的疏奏就记载了黑茶的生产："商茶低伪，悉征黑茶，产地有限，乃第为上中二品，印烙篦上，书商名而考之。每十斤蒸晒一篦，运至茶司，官商对分，官茶易马，商茶给卖。"[2] 当时湖南安化生产的黑茶，多销运边区以换马。

《明会典》载："穆宗朱载垕隆庆五年（1571）令买茶中与事宜，各商自备资本……收买真细好茶，毋分黑黄正附，一例蒸晒，每篦（密篾篓）重不过七斤……运至汉中府辨验真假黑黄斤篦。"当时四川黑茶和黄茶是经蒸压成长方形的篦包茶，每包7斤，销往陕西汉中。崇祯十五年（1642），太仆卿王家彦的疏中也说："数年来茶篦减黄增黑，敝茗赢驵，约略充数。"上述记载表明，黑茶的制造始于明代中期。[3]

3. 白茶的起源

古人采摘茶叶用晒干收藏的方法制成的产品，实际上就是原始的白茶。

唐宋时期的所谓白茶，是指偶然发现的白叶茶树采制而成的茶。宋徽宗赵佶的《大观茶论》称："白茶自为一种，与常茶不同。其条敷阐，其叶莹薄。崖林之间偶然生出，盖非人力所可致，正焙之有者不过四五家，生者不过一二株，所造止于二三胯而已。"[4] 这种白茶实为白叶茶，其加工方法仍属蒸青绿茶。现代的安吉白茶就属于这种用白色芽叶制成的白茶，这与后来发展起来的用茸毛多的芽叶、不炒不揉而制

[1] 朱自振，沈冬梅．中国古代茶书集成 [M]．上海：上海文化出版社，2010：259．

[2] 陈宗懋，杨亚军．中国茶经 [M]．上海：上海文化出版社，2011：38．

[3] 陈宗懋，杨亚军．中国茶经 [M]．上海：上海文化出版社，2011：38．

[4] 朱自振，沈冬梅．中国古代茶书集成 [M]．上海：上海文化出版社，2010：125．

成的白茶不同。前者是用白色芽叶按绿茶工艺制成的绿茶，后者是用绿色芽叶按不炒不揉的白茶工艺制成的白茶。两者制法完全不同。

明代田艺蘅1554年著《煮泉小品》，记载有类似现代的白茶制法："芽茶以火作者为次，生晒者为上，亦更近自然，且断烟火气耳。况作人手器不洁，火候失宜，皆能损其香色也。生晒茶，瀹之瓯中，则旗枪舒畅，清翠鲜明，尤为可爱。"[1]

现代白茶是从宋代绿茶三色细芽、银丝水芽开始逐渐演变而来的，最初是指干茶表面密布白色茸毫、色泽银白的"白毫银针"，后来经发展又产生了白牡丹、贡眉和寿眉等不同花色。白茶是采摘大白茶树的芽叶制成。大白茶树最早发现于福建政和，传说咸丰、光绪年间被乡农偶然发现，这种茶树嫩芽肥大、毫多，生晒制干，色白如银，香味俱佳。[2]

4. 红茶的起源

最早的红茶生产是从福建崇安（今武夷山市）的小种红茶开始的。邹新球在《世界红茶的始祖：武夷正山小种红茶》一书中推断红茶应起源于明朝末年的1610年之前。[3]清代刘靖在《片刻余闲集》（1732）中记述："山中之第九曲尽处有星村镇，为行家萃聚所也。外有本省邵武、江西广信等处所产之茶，黑色红汤，土名江西乌，皆私售于星村各行。"[4]自星村小种红茶创造以后，逐渐演变并创制出了工夫红茶，而后传至安徽、江西等地。安徽祁门红茶，就是1875年安徽余干臣从福建罢官回乡，将福建红茶制法带回去的。他在至德尧渡街设立红茶庄试制成功，翌年在祁门历口又设分庄试制，以后逐渐扩大生产，从而产生了著名的"祁门工夫"红茶。

5. 乌龙茶的起源

乌龙茶的起源，学术界尚有争议，有的推论出现于北宋，有的推定始于明末，但都认为最早在福建创制。关于乌龙茶的制造，史料依据是清代陆延灿《续茶经》所引《王草堂茶说》的一段文字："武夷茶……茶采后，以竹筐匀铺，架于风日中，

---

[1] 朱自振，沈冬梅. 中国古代茶书集成 [M]. 上海：上海文化出版社，2010：201.

[2] 陈宗懋，杨亚军. 中国茶经 [M]. 上海：上海文化出版社，2011：39.

[3] 邹新球. 世界红茶的始祖：武夷正山小种红茶 [M]. 北京：中国农业出版社，2006：19.

[4] 陈祖椝，朱自振. 中国茶叶历史资料选辑 [M]. 北京：农业出版社，1981：367.

名曰晒青。俟其青色渐收，然后再加炒焙。阳羡岕片只蒸不炒，火焙以成。松萝、龙井皆炒而不焙，故其色纯。独武夷炒焙兼施，烹出之时，半青半红，青者乃炒色，红者乃焙色。茶采而摊，摊而撷（摇的意思），香气发越即炒，过时不及皆不可。既炒既焙，复拣去其中老叶枝蒂，使之一色。"[1]《王草堂茶说》成书时间在清代初年，因此武夷茶这种独特工艺的形成定在此时间之前。现福建武夷山武夷岩茶的制法仍保留了这种传统工艺特点。

第三节　茶叶品类与中国十大名茶

经过几千年的发展，中国的茶叶品类和品种都十分丰富，有绿茶、黄茶、白茶、青茶、红茶和黑茶六大基本茶类，是世界上茶叶种类最齐全、品种花色最多的国家。

一、茶叶的分类

茶叶分类方法很多，有依发酵程度的，依茶叶形状的，依茶叶色泽的，依茶叶产地的，依茶叶加工的，依销售市场的，依栽培方法的，依茶树品种的，依窨花种类的，依包装种类的，等等。在目前普遍认可的分类法出现之前，曾有以下几种分类法：①分全发酵茶、半发酵茶和不发酵茶三类；②分不发酵茶、微发酵茶、半发酵茶、全发酵茶、后发酵茶、特制茶六类；③分不发酵茶、半发酵茶、全发酵茶、提炼茶、草果茶五类；④分绿茶、黄茶、黑茶、白茶、青茶、红茶六类；⑤将上述六类茶归入两个"门"，即"非酶性氧化门"和"酶性氧化门"；⑥分非氧化茶和氧化茶两类。氧化茶又分酶性与非酶氧化两类，酶性氧化茶又分全发酵茶、半发酵茶，微发酵茶三类。对于再加工茶又另外分香味茶、压制茶、速溶茶、保健茶四类。

上述各分类方法虽然各有一定的理由和依据，但欠完善，难以自圆其说。因此，

---

[1]　王复礼.茶说[M]// 朱自振，沈冬梅.中国古代茶书集成.上海：上海文化出版社，2010：943.

我们有必要进一步商讨，如①、②、③的分法主要是按发酵程度，存在三方面问题：不能体现各类茶的特色；有的茶类无法按那些分法归类；将特制茶和草果茶与不发酵、微发酵等并列不妥。④、⑤、⑥的分法跟不上时代脚步，也太笼统。④的分法虽然在现在看来是跟不上时代脚步，但是对于 1979 年的茶叶市场来说是一种很科学合理的分类法，其由著名茶叶专家陈椽先生提出 [1]，既体现了茶叶制法的系统性，又体现了茶叶品质。现在普遍使用的茶叶分类法就是在此基础上完善的，依据茶叶加工原理、加工方法、茶叶品质，并参考贸易习惯，将茶分为两大部分十二大茶类，如图 1-3 所示。

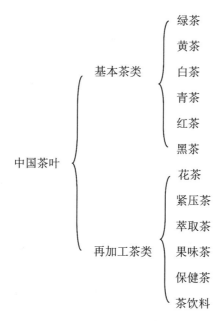

图 1-3　茶的分类

二、六大茶类的分类及品质特征

（一）绿茶的分类及品质特征

绿茶是我国产量最大、种类最多的茶类，按杀青方式不同将绿茶分为四类：炒

---

[1]　陈椽 . 茶叶分类的理论与实际 [J]. 茶业通报，1979（Z1）：48-56，94.

青绿茶、烘青绿茶、蒸青绿茶和晒青绿茶。绿茶总的特征是清汤绿叶或者绿汤绿叶，但各类的绿茶又有自己的特色。（图1-4）

晒青绿茶品质特征（以滇青为例）：外形条索粗壮，有白毫，色泽深绿尚油润；内质香气高，汤色黄绿明亮，滋味浓尚醇，收敛性强。

绿茶
- 炒青绿茶
  - 眉茶（炒青、特珍、珍眉、凤眉、秀眉等）
  - 珠茶（珠茶、雨茶、秀眉等）
  - 细嫩炒青（龙井、大方、碧螺春、雨花茶、松针等）
- 烘青绿茶
  - 普通烘青（闽烘青、浙烘青等）
  - 细嫩烘青（黄山毛峰、太平猴魁、高桥银峰等）
- 晒青绿茶（滇青、川青、陕青等）
- 蒸青绿茶（煎茶、玉露等）

图1-4　绿茶的分类

（二）黄茶的分类及品质特征

黄茶可分为黄芽茶（君山银针、蒙顶黄芽、霍山黄芽等）、黄小茶（鹿苑茶、北港毛尖、沩山毛尖等）和黄大茶（霍山黄大茶、广东大叶青等）三类。总的品质特征是黄汤黄叶，下面介绍几种黄茶的品质特征：

君山银针：芽头肥壮挺直匀齐，满披茸毛，色泽金黄光亮，内质香气清鲜，汤色浅黄明亮，滋味清甜爽口。

蒙顶黄芽：形状扁直，肥嫩多毫，色泽金黄，香气清纯，汤色黄亮，滋味甘醇。

鹿苑茶：条索紧直略弯，显毫，色金黄，汤色杏黄，香幽味醇。

霍山黄大茶：外形叶大梗长，梗叶相连，色泽黄褐鲜润，香气高爽有焦香，似锅巴香，汤色深黄明亮，滋味浓厚。

（三）白茶的分类及品质特征

白茶可分为白毫银针、白牡丹、贡眉和寿眉，总的品质特征是白毫明显。

白毫银针：芽头肥壮，满披白毫，色泽灰绿，香气清淡，汤色浅杏黄明亮，滋味清鲜爽口。

白牡丹：外形素雅，色泽灰绿，毫香高长，汤色黄亮，滋味鲜醇清甜。

（四）青茶的分类及品质特征

青茶又叫乌龙茶，主要分布在福建、广东和台湾，按地域可分为闽北乌龙、闽南乌龙、广东乌龙和台湾乌龙。

闽北乌龙的品质特征：外形条索紧结壮实，色泽乌褐或带墨绿，或带沙绿，或带青褐，内质香气花果香馥郁、清远悠长，滋味醇厚滑润甘爽。

闽南乌龙以铁观音为代表，其中清香型铁观音品质特征：外形颗粒紧结重实，色泽翠绿油润，内质花香浓郁，汤色绿黄清澈明亮，滋味醇和清甜，叶底厚软黄绿明亮。传统型铁观音品质特征：外形颗粒紧结重实，内质香气具天然兰花香，汤色金黄明亮，滋味醇厚鲜爽回甘，叶底肥厚柔软，绿叶红镶边。

广东乌龙的品质特征：条索状结匀整，色泽黄褐或灰褐，内质香气具花香，有蜜韵，滋味浓醇鲜爽。

台湾乌龙有包种（文山包种、冻顶乌龙）和乌龙（台湾铁观音、白毫乌龙），品质特征：①文山包种：外形紧结呈条形状，整齐，墨绿油润，内质香气清新持久，有自然花香，汤色蜜绿，滋味甘醇鲜爽。②冻顶乌龙：外形颗粒紧结整齐，白毫显露，色泽翠绿有光泽，香气有自然花果香，汤色蜜黄，滋味醇厚甘润，回韵强。③台湾铁观音：外形紧结卷曲成颗粒状，白毫显露，色褐油润，香气浓带坚果香，汤色呈琥珀色，滋味浓厚甘滑，收敛性强，叶底淡褐嫩柔，芽叶成朵。④白毫乌龙：外形芽毫肥壮，白毫显露，色泽鲜艳带红、黄、白、绿、褐五色，香气具熟果香和蜂蜜香，汤色呈深琥珀色，滋味圆滑醇和，叶底淡褐有红边。

（五）红茶的分类及品质特征

红茶可分为工夫红茶、小种红茶和红碎茶三类，总的特征是红汤红叶。

工夫红茶品质特征：条索细紧匀齐，色泽乌润，内质汤色叶底红艳明亮，香气鲜甜，滋味甜醇。

小种红茶品质特征：条索肥壮紧结圆直，色泽褐红润泽，汤色深红，香气高爽，有纯松烟香，滋味浓而爽口，活泼甘甜，似桂圆汤味。

红碎茶品质特征：大叶种：颗粒紧结重实，有金毫，色泽乌润或红棕，香气高，汤色红艳，滋味浓强鲜爽；中小叶种：颗粒紧实，色泽乌润或棕褐，香气高鲜，汤色尚红亮，滋味欠浓强。

（六）黑茶的分类及品质特征

黑茶主要产于云南、湖南、湖北和四川，以云南的普洱和湖南的千两茶最为有名，主要特色是陈香。

普洱茶：干茶色泽褐红，呈猪肝色，内质汤色红浓明亮，具独特陈香，滋味醇厚回甜。

千两茶：外表古朴，形如树干，采用花格篾篓捆箍包装，成茶结构紧密坚实，色泽黑润油亮，汤色红黄明净，滋味醇厚，口感纯正，常有蓼叶、竹黄、糯米香气，热喝略带红糖姜味，凉饮却有甜润之感。

三、中国十大名茶

何谓名茶？名茶必须在色、香、味、形四个方面具有独特的风格和特色。

1959 年，全国"十大名茶"评比会评出了中国的"十大名茶"。它们分别是西湖龙井、洞庭碧螺春、黄山毛峰、庐山云雾、六安瓜片、君山银针、信阳毛尖、武夷岩茶、安溪铁观音和祁门红茶。

后来"十大名茶"的命名几经变迁，但 1959 年版的"十大名茶"还是基本得到了茶界的共同认可。

1. 西湖龙井

龙井，是地名也是泉名，现在主要是茶名。龙井茶产于浙江杭州的龙井村，历史上曾分为"狮、龙、云、虎"四个品类，其中多认为狮峰龙井的品质最佳。龙井属炒青绿茶，以色绿、香郁、味醇、形美四绝著称于世，外形光扁平直，色翠略黄似糙米色，滋味甘鲜醇和，香气幽雅清高，汤色碧绿黄莹，叶底细嫩成朵。好茶还需好水泡，"龙井茶、虎跑水"，被并称为"杭州双绝"。冲泡龙井茶可选用玻璃杯，茶叶在透明的杯中逐渐伸展，一旗一枪上下沉浮，汤明色绿，历历在目，仔细观赏，真可说是一种艺术享受。（图 1-5）

2. 洞庭碧螺春

产于江苏吴县太湖之滨的洞庭山。碧螺春条索紧结，卷曲如螺，白毫显露，银绿隐翠，冲泡后茶味徐徐舒展，上下翻飞，茶汤银澄碧绿，清香袭人，口味凉甜，鲜爽生津，早在唐末宋初便被列为贡品。（图1-6）

图1-5　西湖龙井　　　　　　　　　图1-6　洞庭碧螺春

3. 黄山毛峰

产于安徽黄山，主要分布在桃花峰的云谷寺、松谷庵、吊桥庵、慈光阁及半寺周围。外形细扁微曲，状如雀舌，绿中泛黄，且带有金黄色鱼叶（俗称黄金片）；汤色清碧微黄，香如白兰，味醇回甘，叶底黄绿，匀亮成朵。（图1-7）

4. 庐山云雾

产于江西庐山，以"味醇、色秀、香馨、汤清"而闻名，芽壮叶肥，白毫显露，色泽翠绿，幽香如兰，滋味深厚，鲜爽甘醇，耐冲泡，汤色明亮，饮后回味香绵。（图1-8）

图 1-7　黄山毛峰　　　　　　　　图 1-8　庐山云雾

5. 六安瓜片

产于皖西大别山茶区，其中以六安、金寨、霍山三县所产为最佳。六安瓜片每年春季采摘，因成茶呈瓜子形而得名，色翠绿，香清高，味甘鲜，耐冲泡。（图 1-9）

6. 君山银针

产于岳阳洞庭湖的君山岛，是十大名茶中唯一的黄茶。此茶芽头肥壮，长短大小均匀，茶芽内面呈金黄色，外层白毫显露完整，而且包裹坚实，雅称"金镶玉"，汤色杏黄，香气清鲜，叶底明亮。冲泡时尖尖向水面悬空竖立，继而徐徐下沉，头三次都如此，竖立时，如鲜笋出土，沉落时，像雪花下坠，具有很高的欣赏价值。（图 1-10）

图 1-9　六安瓜片　　　　　　　　图 1-10　君山银针

7. 信阳毛尖

产于河南信阳大别山，外形条索细秀，绿润圆直多毫，内质香气清高，汤色明净，滋味醇厚，叶底嫩绿，饮后回甘生津，冲泡四五次，尚有长久的熟栗子香。（图1-11）

8. 武夷岩茶

产于福建武夷山市，主要品种有大红袍、白鸡冠、水仙、肉桂等。

外形条索紧结壮实，色泽乌褐或带墨绿，或带沙绿，或带青褐，内质香气花果香馥郁、清远悠长，滋味醇厚滑润甘爽，韵味明显，俗称"岩韵"。（图1-12）

图 1-11　信阳毛尖　　　　　　　　图 1-12　武夷岩茶

9. 安溪铁观音

产于福建安溪，外形颗粒紧结重实，内质香气具天然兰花香，汤色金黄明亮，滋味醇厚鲜爽回甘，叶底肥厚柔软，绿叶红镶边，七泡有余香，俗称"音韵"。（图1-13）

10. 祁门红茶

简称祁红，素以香高形秀享誉国际，为世界四大高香红茶之一。产于中国安徽省西南部黄山支脉的祁门县一带。

祁红外形条索紧细匀整，锋苗秀丽，色泽乌润，内质清芳并带有蜜糖香味，上品茶更蕴含着兰花香，馥郁持久，汤色红艳明亮，滋味甘鲜醇厚，叶底红亮。（图1-14）

图 1-13　铁观音　　　　　　　　　图 1-14　祁门红茶

第四节　茶叶在中国和世界的流播

中国是茶树的原产地，然而，并不是所有的产茶省都是茶树的发源地，那么茶叶是怎样在国内和国外传播的呢？

一、茶在我国的传播

1. 秦汉以前：巴蜀是中国茶业的摇篮

顾炎武曾道："自秦人取蜀而后，始有茗饮之事。"他认为饮茶最初是在巴蜀发展起来的，秦统一巴蜀之后才开始传播开来。这一说法，已为现在绝大多数学者认同，这也和西南地区是我国茶树原产地的说法相符合。西汉王褒的《僮约》[1] 有"烹茶尽具"及"武阳买茶"两句，反映西汉时成都一带不仅饮茶成风，而且出现了专

---

[1]　券文曰：神爵三年正月十五日，资中男子王子渊，从成都安志里女子杨惠买亡夫时户下髯奴便了，决贾万五千。奴当从百役使，不得有二言……舍中有客，提壶行酤……烹茶尽具……武阳买茶。

门的茶叶用具和茶叶市场。由后来的文献记载看，很可能也已形成了最早的茶叶集散中心。

2. 三国两晋：长江中游成为茶业发展壮大的重要区域

秦汉时期，茶叶随巴蜀与各地经济文化的交流而传播开来。首先向东部、南部传播，如湖南在西汉时设了一个以茶陵为名的县，说明当时茶已传至湖南，茶陵邻近江西、广东边界，表明西汉时期茶的生产已经传到了湘、粤、赣毗邻地区。

三国、西晋，随荆楚茶叶在全国的日益发展，也由于地理上的有利条件和较好的经济文化水平，长江中游或华中地区逐渐取代巴蜀而成为茶的重要发展区。三国时，孙吴据有东南半壁江山，这一地区也是当时我国茶业传播和发展的主要区域。此时，南方栽种茶树的规模和范围有很大的发展，而茶的饮用也流传到了北方。西晋时期《荆州土记》就记载了当时长江中游茶业的发展优势，其载"武陵七县通出茶，最好"，说明荆汉地区茶业得到明显发展，巴蜀独冠全国的优势似已不复存在。

西晋永嘉南渡之后，北方豪门过江侨居，建康（南京）成为我国南方的政治中心。这一时期，由于上层社会崇茶之风盛行，使得南方尤其是江东饮茶和茶叶文化有了较大的发展，也进一步促进了我国茶业向东南推进。这一时期，我国东南植茶，由浙西进而扩展到了现今温州、宁波沿海一线。不仅如此，如《桐君采药录》所载："西阳、武昌、晋陵皆出好茗"[1]，晋陵即常州，其茶出宜兴。表明东晋和南朝时，长江下游宜兴一带的茶业也闻名起来。三国两晋之后，茶业重心东移的趋势更加明显化了。

3. 唐代：长江中下游地区成为茶叶生产和技术中心

六朝以前，茶在南方的生产和饮用已有一定的发展，但北方饮者还不多，及至唐朝中后期，如《膳夫经手录》所载："今关西山东，闾阎村落皆吃之，累日不食犹得，不得一日无茶也。"[2]中原和西北少数民族地区，都嗜茶成俗。市场需求大增使南方茶业得到蓬勃发展，尤其是与北方交通便利的江南、淮南茶区，茶的生产更是得到了格外发展。唐代中叶后，长江中下游茶区，不仅茶产量大幅度提高，而且制茶技术也达到了当时的最高水平。湖州紫笋和常州阳羡茶成为贡茶就是集中体现。

---

[1] 陈祖槼，朱自振.中国茶叶历史资料选辑[M].北京：农业出版社，1981：206.

[2] 陈祖槼，朱自振.中国茶叶历史资料选辑[M].北京：农业出版社，1981：216.

茶叶生产和技术的中心已经转移到了长江中游和下游，江南茶叶生产集一时之盛。史料记载，安徽祁门周围千里之内，各地种茶，山无遗土。同时由于贡茶设置在江南，大大促进了江南制茶技术的提高，也带动了全国各茶区的生产和发展。根据《茶经》和唐代其他文献记载来看，这时期茶叶产区已遍及今之四川、陕西、湖北、云南、广西、贵州、湖南、广东、福建、江西、浙江、江苏、安徽、河南 14 个省区，几乎达到了与我国近代茶区相当的局面。

4. 宋代：茶业重心由东向南移

从五代和宋朝初年起，全国气候由暖转寒，致使中国南方南部的茶业较北部更加迅速发展了起来，并逐渐取代长江中下游茶区，成为茶业的重心。主要表现在贡茶从顾渚紫笋改为福建建安茶，唐时还不曾形成气候的闽南和岭南一带的茶业，明显地活跃和发展起来。宋朝茶业重心南移的主要原因是气候的变化，长江一带早春气温较低，茶树发芽推迟，不能保证茶叶在清明前进贡到京都，而福建气候较暖，如欧阳修所说："建安三千里，京师三月尝新茶。"[1] 宋朝的茶区，基本上已与现代茶区范围相符，明清以后，茶区基本稳定，茶业的发展主要体现在茶叶制法和各茶类兴衰演变方面。

二、茶叶向国外的传播

当今世界广泛流传的种茶、制茶和饮茶习俗，都是由我国向外传播出去的。据推测，中国茶叶传播到国外，已有 2000 多年的历史，约于 5 世纪南北朝时，我国的茶叶就开始陆续输出至东南亚邻国及亚洲其他地区。

1. 向日本的传播

805 年，最澄禅师在中国学成归国时，将浙江天台山的茶籽带回日本，并种植在日吉神社的旁边，成为日本最古老的茶园，至今在京都比睿山的东麓还有"日吉茶园"之碑。806 年，空海法师也从中国将茶籽、饮茶方法带回日本，还带了唐代的制茶工具"条石臼"。陈椽教授编著的《茶业通史》中记载："平城天皇大同元年（公

---

[1] 欧阳修 . 尝新茶呈圣俞 [M]// 欧阳修集编年笺注（1）. 成都：巴蜀书社，2007：287-288.

元八〇六年），空海弘法大师又引入茶籽及制茶方法。茶籽播种在京都高山寺和宇陀郡内牧村赤埴，带去的茶臼保存在赤埴仫隆寺。"[1]815 年，曾在中国学习生活 30 年的都永忠在崇福寺亲自煎茶供奉嵯峨天皇，并受到天皇赞赏和推崇，于是中国唐代的煎茶法在日本流行开来。最澄、空海和都永忠也经常在一起研习"茶道"，形成了日本古代茶文化的黄金时代，学术界称为"弘仁茶风"[2]。由此可见，日本的"煎茶道"起源于我国唐朝陆羽所创的煎茶法。

到了宋代，日本禅师荣西分别于 1168 年和 1187 年两度来到中国学道，当时正值宋代点茶风靡时期，荣西潜心研究总结了宋代的饮茶文化及其功效，回国时也携带了很多茶籽，还将茶籽赠送给明惠上人，明惠将其种植在自然条件优越的拇尾山寺，此地所产茶因味道纯正被称为"本茶"。荣西还写成了日本第一部茶书——《吃茶养身记》，从书中的调茶法和饮茶法中可以看出，荣西将宋代的点茶法引进日本，日本的"抹茶道"由此发展起来。还值得一提的是，荣西将从夹山寺索得的《碧崖录》和大师的"茶禅一味"手迹带回日本，这两者在日本广为流传，并被尊奉为日本茶道之魂。如今，大师手书"茶禅一味"四字真迹仍供奉于日本奈良大德寺，成为日本茶道的稀世珍宝，日本茶道亦尊奉石门夹山寺为"茶禅祖庭"。

2. 向朝鲜的传播

据文献记载，中国茶叶传入朝鲜与传入日本的时间差不多，都在唐朝初年。朝鲜金富轼《三国史记·新罗本纪第十》兴德王三年（828）十二月条记载："冬十二月，遣使入唐朝贡，文宗召见于麟德殿，宴赐有差。入唐回使大廉，持茶种子来，王使植地理（亦称智异）山。茶自善德王时有之，至于此盛焉。"[3]朝鲜史书《东国通鉴》也记载："新罗兴德王之时，遣唐大使金氏，蒙唐文宗赐予茶籽，始种于金罗道之智异山。"

从第一段记载可知，兴德王年间朝鲜已有茶，其时正值中国唐初。唐初，新罗有大批僧人入唐学佛，其中 30 人被载入《高僧传》，这 30 人中的大部分在中国学

[1] 陈椽.茶业通史（第二版）[M].北京：中国农业出版社，2008：87.

[2] 徐晓村.中国茶文化[M].北京：中国农业大学出版社，2005：139-142.

[3] 金富轼著；杨军校勘.三国史记·上[M].长春：吉林大学出版社，2015：145.

习生活长达 10 年之久。他们在唐期间，必经常饮茶并养成了习惯，回国时将中国的茶和茶籽带回也就是顺理成章的事了。所以，尽管没有具体翔实的文献记载，茶叶在唐初从中国传入朝鲜也是有迹可循的。

曾在大唐为官的崔致远有次得到上级赏赐给他的新茶，专门为此写了一篇《谢新茶状》[1]，其中有"所宜烹绿乳于金鼎，泛香膏于玉瓯"之句，可见他对唐代的煎茶法相当熟悉。884 年回国之时，他带了很多中国茶叶和中药；回国后，热心推广饮茶活动。其为真鉴国师撰写的碑文中有这样一段文字："复以汉茗为供，以薪爨石釜，为屑煮之，曰：'吾未识是味如何？惟濡腹尔！'守真忤俗，皆此之类也。"真鉴国师也曾留学于唐，对唐茶深爱之，而且将唐朝的煎茶法带回国，并煎茶礼佛。

中国宋代，朝鲜进入高丽王朝时期，宋代的点茶法传到了高丽。宋使徐兢在其所著的《宣和奉使高丽图经》中记录了高丽的茶事："土产茶，味苦涩不可入口，惟贵中国腊茶并龙凤赐团。自锡赉之外，商贾亦通贩。故迩来颇喜饮茶，益治茶具，金花乌盏、翡色小瓯、银炉、汤鼎，皆窃效中国制度。"[2] 高丽时代李奎报的茶诗《谢人赠茶磨》里描述的饮茶方式，也是指点茶法："琢石作孤轮，回旋烦一臂。子岂不茗饮，投向草堂里。知我偏嗜眠，所以见寄耳。研出绿香尘，益感吾子意。"[3] 高丽时期是朝鲜茶文化最辉煌的时期，朝鲜人在长期学习中国饮茶方式的过程中，将茶饮与民族文化相融合而形成了朝鲜茶文化，茶礼就是代表。

朝鲜《李朝实录》太宗二年（1402）五月壬寅条下记载，赠给明朝使臣的茶叶是"雀舌茶"。雀舌茶是散茶里原料较嫩的好茶，可见当时散茶冲泡法已由中国传到了朝鲜。散茶冲泡法，亦为茶礼所吸收。据《李朝实录》载，凡明朝使者来朝时，一般要举行茶礼，从持瓶、泡茶、敬茶、接茶到饮茶等都有规定的程序，最后以互赠茶叶结束。朝鲜时代中期，朝鲜茶文化一度衰落，幸有草衣禅师等人为茶礼的振兴做出重大贡献。草衣禅师研究中国茶书，并摘其要点编成《茶神传》一书，他的另一本书《东茶颂》显示了韩国茶礼的"中正"精神，这种"中正"精神正是他多

---

[1] 参见：徐海荣 . 中国茶事大典 [Z]. 北京：华夏出版社，2000：926.

[2] 徐兢 . 宣和奉使高丽图经 [M]. 北京：商务印书馆，1937：109.

[3] 王建荣，赵燕燕等 . 中国茶具百科 [M]. 济南：山东科学技术出版社，2008：177.

年研习茶道和悟禅的结晶。[1]

3. 向其他地区的传播

10 世纪时，蒙古商队将中国砖茶经西伯利亚带至中亚地区。

15 世纪初，葡萄牙商船来中国进行通商贸易，将茶叶带到西方，中国与西方贸易就此开始。1610 年，荷兰人将茶叶带到西欧，1650 年茶叶再传入俄国。17 世纪时茶叶传至美洲。17 世纪后半叶，中国茶叶随葡萄牙公主嫁入英国而引发英国下午茶之习俗。

1684 年，印度尼西亚开始试种中国的茶籽，失败以后又分别从中国、日本及阿萨姆引入茶种再次试种，历经坎坷，直至 19 世纪后茶叶才有所成效。第二次世界大战后，茶行业迅速占据了国际市场的一席之地。

1780 年，东印度公司从我国引入茶籽种植于印度。至 19 世纪后半叶，印度茶名声大噪。时至今日印度逐渐成为了茶叶的生产、出口、消费大国。

18 世纪，斯里兰卡开始从我国引入茶籽试种。1824 年以后，斯里兰卡又多次引入中国、印度茶种来进行扩种，更是积极聘请技术人员学习茶树种植技术。在此条件下，斯里兰卡的红茶质量优异，声名远扬。茶叶为斯里兰卡成为世界创汇大国做出了主要贡献。

1833 年，俄国开始引入中国茶籽试种。1848 年俄国再次引入我国茶籽种植于黑海沿岸。

1893 年格鲁吉亚聘请中国茶师刘峻周与一批技术工人传授种茶、制茶技术。

1888 年土耳其从日本引入茶籽试种，1937 年又从格鲁吉亚引茶籽种植。

1903 年肯尼亚首次从印度引入茶种，1920 年进入商业性开发种茶，1963 年肯尼亚独立以后开始规模经营茶叶。

20 世纪 20 年代以后，阿根廷、几内亚、巴基斯坦、阿富汗、马里、玻利维亚等国纷纷从中国引入茶种及制茶技术。

目前，我国茶叶已销至世界各地上百个国家和地区，其中有 50 多个国家引种种植的茶籽、茶树来自中国。全世界有 160 多个国家和地区的人民有饮茶习俗，总饮

---

[1] 余悦.茶文化博览·中国茶饮 [M].北京：中央民族大学出版社，2002：307.

茶人数超过 20 亿。

4. 中国茶向外传播的途径

从前文我们知道，经过 1000 多年的经贸往来和文化交流，我国茶叶已经传遍世界各地。茶叶基本是通过陆路和水路进行传播，主要路线有三条：东传路线，由中国传向日本、韩国；西传路线，由福建、广州通向南洋诸国，然后经马来半岛、印度半岛、地中海走向欧洲各国；北传路线，传入土耳其、阿拉伯国家、俄罗斯。

第二章　中国茶艺概述

如果我们承认茶艺就是茶的冲泡技艺和品饮艺术的话，那么以冲泡方式作为分类标准应该是较为科学的。考察中国的饮茶历史，茶的饮法有煮、煎、点、泡四类，形成艺的有煎法、点法、泡法。依艺而言，中国茶道先后产生了煎道、点道、泡道三种形式。

茶艺的分类标准首先应依据习法，其次应依据主泡饮茶具来分类。

茶艺包括：备茶具、选茗、择水、烹茶技术、茶席设计等一系列内容。茶艺背景是衬托主题思想的重要手段，它渲染茶性清纯、幽雅、质朴的气质，增强艺术感染力。

茶艺的分类多种多样，表演形式变化万千。总的来说由六方面要素组成，即茶叶、选水、备器、环境、技艺、品饮，简称茶艺六要素。

工夫茶流行于闽粤台一带。工夫茶既是茶叶名，又是茶艺名。工夫茶的定义有一个演变发展的过程，起初指的是武夷岩茶，后来还被认为是武夷岩茶（青茶）泡饮法，接着又泛指青茶泡饮法。工夫茶的特色是：注重茶叶的品质，讲究茶具的精美，重视水质的优良及精湛的冲泡技艺。

茶艺，是指如何泡好一壶茶的技术和如何享受一杯茶的艺术。日常生活中，虽然人人都能泡茶喝茶，但要真正泡好茶喝好茶却并非易事。泡好一壶茶和享受一杯茶也要涉及广泛的内容，如识茶、选茶、泡茶、品茶、茶叶经营、茶文化、茶艺美学等。因此泡茶、喝茶是一项技艺、一门艺术。泡茶可以因时、因地、因人的不同而有不同的方法。泡茶时涉及茶、水、茶具、时间、环境等因素，把握这些因素之间的关系是泡好茶的关键。

第一节　茶的冲泡与品饮

一、泡茶的要素 [1]

茶叶中的化学成分是组成茶叶色、香、味的物质基础，其中多数能在冲泡过程中溶解于水，从而形成了茶汤的色泽、香气和滋味。泡茶时，应根据不同茶类的特点，调整水的温度、浸润时间和茶叶的用量，从而使茶的香味、色泽、滋味得到充分的发挥。

综合起来，泡好一壶茶，主要有四大要素：第一是茶水比例，第二是泡茶水温，第三是浸泡时间，第四是冲泡次数。

（一）茶的品质

茶叶中各种物质在沸水中浸出的快慢与茶叶的老嫩和加工方法有关。氨基酸具有鲜爽的性质，因此茶叶中氨基酸含量多少直接影响着茶汤的鲜爽度。名优绿茶滋味之所以鲜爽、甘醇，主要是因为氨基酸的含量高和茶多酚的含量低。夏茶氨基酸的含量低而茶多酚的含量高，所以茶味苦涩。故有"春茶鲜、夏茶苦"的谚语。

（二）茶水比例

茶叶用量应根据不同的茶具、不同的茶叶等级而有所区别。一般而言，水多茶少，滋味淡薄；茶多水少，茶汤苦涩不爽。因此，细嫩的茶叶用量要少；较粗的茶叶，用量可多些。普通的红、绿茶类（包括花茶），可大致掌握在 1 克茶冲泡 50—60 毫升水。如果是 200 毫升的杯（壶），那么，放上 3 克左右的茶，冲水至七八成满，

---

[1]　本部分主要参考了徐明主编的《茶与茶文化》（中国物资出版社，2009 年 2 月版，第 87—93 页）的相关内容。

就成了一杯浓淡适宜的茶汤。若饮用云南普洱茶，则需放茶叶 5—8 克。乌龙茶因习惯浓饮，注重品味和闻香，故要汤少味浓，用茶量以茶叶与茶壶比例来确定，投茶量大致是茶壶容积的 1/3—1/2。广东潮汕地区，投茶量达到茶壶容积的 1/2—2/3。

茶、水的用量还与饮茶者的年龄、性别有关。大致说来，中老年人比年轻人饮茶要浓，男性比女性饮茶要浓。如果饮茶者是老茶客或是体力劳动者，一般可以适量加大茶量；如果饮茶者是新茶客或是脑力劳动者，可以适量少放一些茶叶。

一般来说，茶不可泡得太浓，因为浓茶有损胃气，对脾胃虚寒者更甚。茶叶中含有鞣酸，太浓太多可收缩消化黏膜，妨碍胃吸收，引起便秘和牙黄。同时，太浓的茶汤和太淡的茶汤不易体会出茶香嫩的味道。古人谓饮茶"宁淡勿浓"是有一定道理的。

（三）冲泡水温

据测定，用 60℃的开水冲泡茶叶，与等量 100℃的水冲泡茶叶相比，在时间和用茶量相同的情况下，茶汤中的茶汁浸出物含量，前者只有后者的 45%—65%。这就是说，冲泡茶的水温高，茶汁就容易浸出；冲泡茶的水温低，茶汁浸出速度慢。"冷水泡茶慢慢浓"，说的就是这个意思。

泡茶的茶水一般以沸水为好。而冲泡绿茶的水温约 85℃。滚开的沸水会破坏维生素 C 等成分，而咖啡碱、茶多酚很快浸出，会使茶味变苦涩；水温过低则茶叶浮而不沉，内含的有效成分浸泡不出来，茶汤滋味寡淡，不香不醇，淡而无味。

泡茶水温的高低，还与茶的老嫩、松紧、大小有关。大致说来，茶叶原料粗老、紧实、整叶的，相比于茶叶原料细嫩、松散、碎叶的，其茶汁浸出要慢得多，所以，冲泡水温要高。

水温的高低，还与冲泡的品种花色有关。

具体说来，高级细嫩名茶，特别是高档绿茶，开香时水温为 95℃，冲泡时水温为 80—85℃。只有这样泡出来的茶才会汤色清澈不浑，香气纯正而不杂，滋味鲜爽而不熟，叶底明亮而不暗，使人饮之可口，视之动情。如果水温过高，汤色就会变黄；茶芽因"泡熟"而不能直立，失去欣赏性；维生素遭到大量破坏，降低营养价值；咖啡碱、茶多酚很快浸出，又使茶汤产生苦涩味，这就是茶人常说的把茶"烫熟"了。反之，如果水温过低，则渗透性较低，茶叶往往浮在表面，茶中的有效成分难以浸出，茶味淡薄，同样会降低饮茶的功效。大宗红、绿茶和花茶，由于茶叶原料老嫩适中，故可用 90℃ 左右的开水冲泡。冲泡乌龙茶、普洱茶和沱茶等特种茶时，由于其原料并不细嫩，加之用茶量较大，所以，需用刚沸腾的 100℃ 开水冲泡。特别是乌龙茶，要在冲泡前用滚开水烫热茶具，冲泡后用滚开水淋壶，目的是增加温度，使茶香充分发挥出来。

至于边疆兄弟民族喝的紧压茶，要先将茶捣碎成小块，再放入壶或锅内煎煮后，才供人们饮用。判断水的温度可先用温度计和定时器测量，等掌握之后就可凭经验来断定了。当然，所有的泡茶用水都得煮开，以自然降温的方式来达到控温的效果。

（四）冲泡时间

茶叶冲泡时间差异很大，与茶叶种类、泡茶水温、用茶数量和饮茶习惯等都有关。

如用茶杯泡饮普通红、绿茶，每杯放干茶 3 克左右，用沸水 150—200 毫升，冲泡时宜加杯盖，避免茶香散失，时间 3—5 分钟为宜。时间太短，茶汤色浅淡；茶泡久了，增加茶汤涩味，香味还易丧失。不过，新采制的绿茶可冲水不加杯盖，这样汤色更艳。另用茶量多的，冲泡时间宜短，反之则宜长。质量好的茶，冲泡时间宜短，反之宜长。茶的滋味是随着时间延长而逐渐增浓的。据测定，用沸水泡茶，首先浸出的是咖啡碱、维生素、氨基酸等，大约到 3 分钟时，氨基酸含量较高。这时饮起来，茶汤有鲜爽醇和之感，但缺少饮茶者需要的刺激味。以后，随着时间的延续，茶多酚浸出物含量逐渐增加。因此，为了获取一杯鲜爽甘醇的茶汤，对大宗红、绿茶而言，头泡茶以冲泡后 3 分钟左右饮用为好，若想再饮，到杯中剩有 1/3 茶汤时，再续开水，以此类推。

对于注重香气的乌龙茶、花茶，泡茶时，为了不使茶香散失，不但需要加盖，而且冲泡时间不宜长，通常 2—3 分钟即可。由于泡乌龙茶时用茶量较大，因此，第一泡 1 分钟就可将茶汤倾入杯中，自第二泡开始，每次应比前一泡增加 15 秒左右，这样可使茶汤浓度不致相差太大。

白茶冲泡时，要求沸水的温度在 70℃ 左右，一般在 4—5 分钟后，浮在水面的茶叶才开始徐徐下沉，这时，品茶者应以欣赏为主，观茶形，察沉浮，在不同的茶姿、颜色中使自己的身心得到愉悦，一般到 10 分钟，方可品饮茶汤。否则，不但失去了品茶艺术的享受，而且饮起来淡而无味。这是因为白茶加工未经揉捻，细胞未曾破碎，所以茶汁很难浸出，以至浸泡时间需相对延长，同时只能重泡一次。

另外，冲泡时间还与茶叶老嫩和茶的形态有关。一般说来，凡原料较细嫩、茶叶松散的，冲泡时间可相对缩短；相反，原料较粗老、茶叶紧实的，冲泡时间可相对延长。

总之，冲泡时间的长短，最终还是以适合饮茶者的口味来确定为好。

（五）冲泡次数

据测定，茶叶中各种有效成分的浸出率是不一样的，最容易浸出的是氨基酸和维生素 C；其次是咖啡碱、茶多酚、可溶性糖等。一般茶冲泡第一次时，茶中的可溶性物质能浸出 50%—55%；冲泡第二次时，能浸出 30% 左右；冲泡第三次时，能浸出约 10%；冲泡第四次时，只能浸出 2%—3%，几乎是白开水了。所以，通常以冲泡三次为宜。

如饮用颗粒细小、揉捻充分的红碎茶和绿碎茶，由于这类茶的内含成分很容易被沸水浸出，一般都是冲泡一次就将茶渣滤去，不再重泡。速溶茶，也是采用一次冲泡法。

工夫红茶可冲泡 2—3 次。条形绿茶如眉茶、花茶通常冲泡 2—3 次。白茶和黄茶，一般只能冲泡 1 次，最多 2 次。

品饮乌龙茶多用小型紫砂壶，在用茶量较多时（约半壶），可连续冲泡 4—6 次，甚至更多。

（六）泡茶用水的选择

水为茶之母，器为茶之父。龙井茶、虎跑水被称为杭州"双绝"。可见，用什么水泡茶，对茶的冲泡及效果起着十分重要的作用。

水是茶叶滋味和内含有益成分的载体，茶的色、香、味和各种营养保健物质，都要溶于水后，才能供人享用。而且水能直接影响茶质，明人张大复在《梅花草堂笔谈》中说："茶性必发于水，八分之茶，遇水十分，茶亦十分矣；八分之水，试茶十分，茶只八分耳。"[1] 因此，好茶必须配以好水。

———————
[1]　张大复.梅花草堂笔谈[M].国学研究所，1936：32.

1. 古人对泡茶用水的看法

最早提出水标准的是宋徽宗赵佶，他在《大观茶论》中写道："水以清轻甘洁为美，轻甘乃水之自然，独为难得。"[1] 后人在他提出的"清、轻、甘、洁"的基础上，又增加了个"活"字。

古人大多选用天然的活水，如泉水、山溪水；无污染的雨水、雪水次之；接着是清洁的江、河、湖、深井中的活水及净化的自来水，切不可使用池塘死水。陆羽《茶经》指出："其水，用山水上，江水次，井水下。其山水，拣乳泉、石池慢流者上；其瀑涌湍漱，勿食之。"[2] 这是说用不同的水冲泡茶叶的结果是不一样的，只有佳茗配美泉，才能体现出茶的真味。

2. 现代人对泡茶用水的看法

现代人认为，"清、轻、甘、洁、活"五项指标俱全的水，才称得上宜茶之美水。

其一，水质要清。水清则无杂无色、透明无沉淀物，最能显出茶的本色。

其二，水体要轻。北京玉泉山的玉泉水比重最轻，故被御封为"天下第一泉"。现代科学也证明了这一理论是正确的。水的比重越大，说明溶解的矿物质越多。有实验结果表明，当水中的低价铁超过 0.0001‰时，茶汤发暗，滋味变淡；铝含量超过 0.0002‰时，茶汤便有明显的苦涩味；钙离子达到 0.002‰时，茶汤带涩，而达到 0.004‰时，茶汤变苦；铅离子达到 0.001‰时，茶汤味涩而苦，且有毒性，所以水以轻为美。

其三，水味要甘。"凡水泉不甘，能损茶味。"所谓水甘，即一入口，舌尖顷刻便会有甜滋滋的美妙感觉。咽下去后，喉中也有甜爽的回味，用这样的水泡茶自然会增茶之美味。

其四，水温要冽。冽即冷寒之意。因为寒冽之水多出于地层深处的泉脉之中，所受污染少，泡出的茶汤滋味纯正。

其五，水源要活。流水不腐。现代科学证明了在流动的活水中细菌不易繁殖，

[1] 赵佶．大观茶论·水 [M]// 朱自振，沈冬梅．中国古代茶书集成．上海：上海文化出版社，2010：126.

[2] 陆羽．茶经·卷下·五之煮 [M]// 朱自振，沈冬梅．中国古代茶书集成．上海：上海文化出版社，2010：9.

同时活水有自然净化作用，在活水中氧气和二氧化碳等气体的含量较高，泡出的茶汤特别鲜爽可口。

3. 我国饮用水的水质标准

感官指标：色度不超过 15 度，浑浊度不超过 5 度，不得有异味、臭味，不得含有肉眼可见物。

化学指标：pH 值 6.5—8.5，总硬度不高于 25 度，铁不超过 0.3 毫克 / 升，锰不超过 0.1 毫克 / 升，铜不超过 1.0 毫克 / 升，锌不超过 1.0 毫克 / 升，挥发酚类不超过 0.002 毫克 / 升，阴离子合成洗涤剂不超过 0.3 毫克 / 升。

毒理指标：氟化物不超过 1.0 毫克 / 升，适宜浓度 0.5—1.0 毫克 / 升，氰化物不超过 0.05 毫克 / 升，砷不超过 0.05 毫克 / 升，镉不超过 0.01 毫克 / 升，铬（六价）不超过 0.05 毫克 / 升，铅不超过 0.05 毫克 / 升。

细菌指标：细菌总数不超过 100 个 / 毫升，大肠菌群不超过 3 个 / 升。

以上四个指标，主要是从饮用水最基本的安全和卫生方面考虑。作为泡茶用水，宜茶用水可分为天水、地水、再加工水三大类。再加工水，即城市销售的纯净水。

（七）泡茶用水 [1]

1. 自来水

自来水是最常见的生活饮用水，其水源一般来自江河、湖泊，是属于加工处理后的天然水，为暂时硬水。因其含有用来消毒的氯气等，在水管中滞留较久的，还含有较多的铁质。当水中的铁离子含量超过 0.5‰时，会使茶汤呈褐色，而氯化物与茶中的多酚类作用，又会使茶汤表面形成一层"锈油"，喝起来有苦涩味。所以用自来水沏茶，最好用无污染的容器，先贮存一天，待氯气散发后再煮沸沏茶，或者采用净水器将水净化，这样就可得到较好的沏茶用水。

2. 纯净水

纯净水是蒸馏水、太空水的合称，是一种安全无害的软水。纯净水是以符合生活饮用水卫生标准的水为水源，采用蒸馏法、电解法、逆渗透法及其他适当的加工

---

[1] 王明强，刘晓芬 . 茶艺点津 [M]. 天津：天津大学出版社，2011：68-69.

方法制得、纯度很高、不含任何添加物、可直接饮用的水。用纯净水泡茶，不仅净度好、透明度高，沏出的茶汤晶莹透彻，而且香气滋味纯正，无异杂味，鲜醇爽口。市面上纯净水品牌很多，大多数都宜泡茶，其效果还是相当不错的。

3. 矿泉水

我国对饮用天然矿泉水的定义是：从地下深处自然涌出的或经人工开发的未受污染的地下矿泉水，含有一定量的矿物盐、微量元素或二氧化碳气体，在通常情况下，其化学成分、流量、水温等动态指针在天然波动范围内相对稳定。与纯净水相比，矿泉水含有丰富的锂、锶、锌、溴、碘、硒和偏硅酸等多种微量元素，饮用矿泉水有助于人体对这些微量元素的摄入，并调节肌体的酸碱平衡。但饮用矿泉水应因人而异。由于矿泉水的产地不同，其所含微量元素和矿物质成分也不同。不少矿泉水含有较多的钙、镁、钠等金属离子，是永久性硬水，虽然水中含有丰富的营养物质，但用于泡茶效果并不佳。

4. 活性水

活性水包括磁化水、矿化水、高氧水、离子水、自然回归水、生态水等品种。这些水均以自来水为水源，一般经过滤、精制和杀菌、消毒处理制成，具有特定的活性功能，并且有相应的渗透性、扩散性、溶解性、代谢性、排毒性、富氧化和营养性功效。由于各种活性水内含微量元素和矿物质成分各异，如果水质较硬，泡出的茶水质量较差；如果属于暂时硬水，泡出的茶水品质较好。

5. 净化水

通过净化器对自来水进行二次终端过滤处理，净化原理和处理工艺一般包括粗滤、活性炭吸附和薄膜过滤三级系统，能有效地清除自来水管网中的红虫、铁锈、浮物等机械成分，降低浊度，达到国家饮用水卫生标准。但是，净水器中的粗滤装置要经常清洗，活性炭也要经常换新，否则时间一久，净水器内胆易堆积污物，繁殖细菌，形成二次污染。净化水易取得，是经济实惠的优质饮用水，用净化水泡茶，其茶汤质量是相当不错的。

6. 天然水

天然水包括江、湖、泉、井及雨水。用这些天然水泡茶应注意水源、环境、气候等因素，判断其洁净程度。取自天然的水经过滤、臭氧化或其他消毒过程的简单净化处理，既保持了天然又达到洁净，也属天然水之列。在天然水中，泉水是泡茶最理想的水。泉水杂质少、透明度高、污染少，虽属暂时硬水，但加热后呈酸性碳酸盐状态的矿物质被分解，释放出碳酸气，口感特别微妙。泉水煮茶，甘冽清芬俱备。然而，由于各种泉水的含盐量及硬度有较大的差异，也并非所有泉水都是优质的，有些泉水含硫磺，不能饮用。江、河、湖水属地表水，含杂质较多，浑浊度较高，一般说来，沏茶难以取得较好的效果。但在远离人烟又是植被生长繁茂之地，污染物较少，这样的江、河、湖水仍不失为沏茶好水。如浙江桐庐的富春江水、淳安的千岛湖水、绍兴的鉴湖水就是例证。陆羽的《茶经》中"其江水，取去人远者"[1]一句，说的就是这个意思。白居易的诗句"蜀茶寄到但惊新，渭水煎来始觉珍"[2]，认为渭水煎茶很好。李群玉诗句"吴瓯湘水绿花新"[3]，表示湘水煎茶也不差。明代许次纾在《茶疏》中更进一步说："黄河之水，来自天上，浊者土色也。澄之即净，香味自发。"[4]言即使浊混的黄河水，如果经澄清处理，同样也能使茶汤香高味醇。这种情况，古代如此，现代也同样如此。

雪水和天落水，古人称为"天泉"，尤其是雪水，更为古人所推崇。唐代白居易的"扫雪煎香茗"，宋代辛弃疾的"细写茶经煮茶雪"，元代谢宗可的"夜扫寒英煮绿尘"，清代曹雪芹的"扫将新雪及时烹"，都是赞美用雪水沏茶的。[5]

至于雨水，一般说来，因时而异：秋雨，天高气爽，空中灰尘少，水味"清冽"，是雨水中上品；梅雨，天气沉闷，阴雨绵绵，水味"甘滑"，较为逊色；夏雨，雷雨阵阵，飞沙走石，水味"走样"，水质不净。但无论是雪水或雨水，只要空气不被污染，与江、河、湖水相比，总是相对洁净，是沏茶的好水。

井水属地下水，悬浮物含量少，透明度较高，但多为浅层地下水，特别是城市

[1] 陆羽.茶经·卷下·五之煮 [M]// 朱自振，沈冬梅.中国古代茶书集成.上海：上海文化出版社，2010：9.

[2] 白居易.萧员外寄新蜀茶 [M]// 庄昭.茶诗三百首.广州：南方日报出版社，2003：5.

[3] 李群玉.答友人寄新茗 [M]// 庄昭.茶诗三百首.广州：南方日报出版社，2003：118.

[4] 许次纾.茶疏·择水 [M]// 朱自振，沈冬梅.中国古代茶书集成.上海：上海文化出版社，2010：261.

[5] 赵金水.壶韵茶缘：读壶与学茶 [M].天津：天津人民出版社，2015：307.

井水，易受周围环境污染，用来沏茶，有损茶味。所以，若能汲得活水井的水沏茶，同样也能泡得一杯好茶。现代工业的发展导致环境污染，已很少有洁净的天然水了，因此泡茶只能从实际出发，选用适当的水。

二、茶的品饮

（一）要义

品茶，是一门综合艺术。茶叶没有绝对的好坏，品茶之人的口味喜好等主观因素是其重要的判断依据。但是，单从原料、制作工艺等客观因素来说，各种茶叶是可以分出等级的。

高档茗茶，或色、香、味、形兼而有之，或在一个因子或某一方面有独特的表现。一般说来，判断茶叶的好坏，人们可从茶叶、茶香、茶味等方面入手。

（二）观茶

观茶，就是观赏干茶和茶叶经冲泡后的形状变化。

茶叶的成品外形变化很多，有扁形、针形、雀舌形、眉形、珠形、螺形、球形、半球形、片形、自然弯曲形等。而茶叶经冲泡后，会慢慢展露出原本的形态。

人们观察干茶要看干茶的干燥程度，如果保存不当茶叶会受潮回软；另外，人们需要看茶叶的叶片是否整齐，如果有太多的叶梗、碎茶、杂质等，则不是上等茶叶；然后，人们要看干茶的条索外形，不同茶叶品种都有它固定的形态规格，像龙井茶是剑片状，碧螺春揉成螺形，铁观音茶紧结成球状。不过，人们光是看干茶并不能马上判断出茶叶的品质。

由于制作工艺不同，茶树品种各异，采摘标准有别，茶叶的形状也是极其丰富的。

（1）针形：外形圆直如针，如恩施玉露、君山银针、白毫银针等。

（2）扁形：外形扁平挺直，如西湖龙井、茅山青峰等。

（3）条索形：外形呈条状稍弯曲，如婺源茗眉、凤凰单丛、武夷岩茶等。

（4）螺形：外形卷曲似螺，如洞庭碧螺春、临海蟠毫、井冈翠绿等。

（5）兰花形：外形似兰，如太平猴魁、兰花茶等。

（6）片形：外形呈片状，如六安瓜片、齐山名片等。

（7）束形：外形成束，如江山绿牡丹、婺源墨菊等。

（8）圆珠形：外形如珠，如泉岗辉白、涌溪火青等。

此外，还有半月形、卷曲形、单芽形等。

（三）观色

品茶观色，即观茶色、汤色和底色。

1. 茶色

人们看茶叶颜色先看干茶。茶叶依发酵程度有绿茶、黄茶、白茶、青茶、红茶、黑茶六大类，这也是我国茶叶最基础的分类方法。不同种类茶叶其干茶色泽是不同的。即使同一种茶叶，采用相同的制作工艺，也会因茶树品种、生态环境、茶菁等级的不同，在干茶色泽上存在一定的差异。如高档绿茶，色泽有嫩绿、翠绿、油绿之分；高档红茶，色泽又有红艳明亮、乌润显红之别。而武夷岩茶的青褐，铁观音的砂绿，凤凰水仙的黄褐，冻顶乌龙的深绿，都是高级乌龙茶中有代表性的色泽，也是鉴别乌龙茶质量的重要标志。

2. 汤色

茶叶冲泡后，其内含物质溶解在茶汤中所呈现的色彩，称为汤色。不同茶类汤色会有明显区别，而且同一茶类中的不同品种、不同等级的茶叶，其茶汤颜色也有一定差异。凡上乘的茶品，都汤色明亮通透。具体说来，绿茶汤色浅绿或黄绿，清透明亮，可见茶毫在茶汤中漂浮；红茶汤色澄红透亮，这比乌龙茶茶汤更显红色；乌龙茶则以青褐光润为好；白茶，汤色微黄，黄中显绿，陈年白茶颜色偏红黑，与乌龙茶类似。

将适量茶叶放在玻璃杯中用热水浸泡，茶叶会慢慢舒展。比较才有优劣，可以同时冲泡几杯不同等级的茶叶来比较其特点。其中茶汁分泌最旺盛、茶叶身段最柔软飘逸的茶叶是最好的。观察茶汤要及时，因为茶多酚类溶解在热水中与空气接触很容易氧化，颜色也会随时间推移变得更深，例如绿茶的汤色氧化即变黄，红茶的汤色氧化变暗等，时间拖延过久，会使茶汤越混浊。有些红茶会在茶汤温度降至20℃以下后，发生凝乳浑汤现象，俗称"冷后浑"，这是茶红素和咖啡碱结合产生黄浆状不溶物的结果。

茶汤的颜色也会因为发酵程度的不同、焙火轻重的差别而呈现不一的颜色。但有一个共同的原则，不管颜色深或浅，一定不能浑浊、灰暗，清澈透明是好茶汤应该具备的条件。

一般情况下，随着茶汤温度的下降，汤色会逐渐变深。在相同的温度和时间内，大叶种深于小叶种，嫩茶浅于老茶，新茶浅于陈茶。茶汤的颜色，以冲泡滤出后 10 分钟以内来观察较能代表茶的原有汤色。人们如果要比较茶汤一定要拿同一种类的茶叶做比较。

3. 底色

所谓底色，就是茶叶经冲泡去汤后留下的叶底色泽。除看叶底显现的色彩外，还可观察叶底的老嫩、匀净、光糙等。

（四）赏姿

茶在冲泡过程中，经吸水浸润而舒展，或似春笋，或如雀舌，或若兰花或像墨菊。与此同时，在注水过程中，茶叶还会因冲水的力道在水中沉浮，产生一种动感与美感。太平猴魁舒展时，犹如一只有灵气的小猴，在水中上下翻动；君山银针舒展时，好似翠竹争阳，针针挺立；西湖龙井舒展时，活像春兰怒放。如此美景映掩在杯水之中，真有茶不醉人人自醉之感。

（五）闻香

对于茶香的鉴赏一般要三闻。一是闻干茶的香气，称为干茶香；二是闻冲泡后显示出来的茶的本香，称为湿香；三是要闻喝完之后叶底冷却后的香味，称为冷香。

先闻干茶，干茶有清香、甜香、焦香之分。如绿茶应清新鲜爽，多为豆香、板栗香；红茶应浓香纯正，隐有花果香气；乌龙茶应馥郁清幽，发酵程度高的还有阵阵奶香。如果茶香低沉，带有潮、烟、霉、酸或其他异味串在茶香之中视为次品。

闻香中最多见的是湿香。闻茶汤发出的茶香为面香；若用盖碗泡茶，则可闻盖香和面香；台湾泡茶喜用闻香杯作过渡盛器，可闻杯香和面香。另外，随着茶汤温度的变化，茶香还有热闻、温闻和冷闻之分。热闻的重点是辨别香气的类型如何，以及香气高低；冷闻则判断茶叶香气的持久度；而温闻重在鉴别茶香的雅与俗，即优与次。一般来说，绿茶以有清香鲜爽感，有豆香、板栗香为佳；红茶以有花香、果香者为佳，尤以香气浓厚、持久者为上乘；乌龙茶以具有浓郁的果香者为好；而花茶则以具有清纯芬芳者为优。

透过玻璃杯，我们只能看出茶叶的优劣，至于茶叶的香气、滋味并不能够完全体会，所以开汤泡一壶茶来仔细地品鉴是有必要的。滗出茶汤后，端起茶杯细闻茶汤，判断茶汤的香型，还要判断有无异味。通过闻热香可以判断出茶叶的新陈、发酵程度、焙火轻重。

等喝完茶汤、茶渣冷却之后，还可以回过头来闻茶渣的冷香，嗅闻茶杯的杯底香。如果是劣等的茶叶，香气已经消失殆尽了。

嗅香气的时机很重要。在茶汤浸泡 5 分钟左右就应该开始嗅香气，最适合嗅茶叶香气的叶底温度为 45—55℃，超过此温度时，会感到烫鼻；低于 30℃时，则茶香低沉，杂味难以辨别。

嗅香气，应以左手握杯，靠近杯沿用鼻趁热轻嗅或深嗅杯中叶底发出的香气，也有将整个鼻部伸入杯内，接近叶底以扩大接触香气面积，增加嗅感。人们为了正确判断茶叶香气的高低、长短、强弱、清浊及纯杂等，嗅时应重复一两次，但每次嗅时不宜过久，以免因嗅觉疲劳而失去灵敏感。嗅茶香的过程是：吸（1 秒）—停（0.5秒）—吸（1 秒），依照这样的方法嗅出茶的香气是"高温香"。另外，人们可以在品味时，嗅出茶的"中温香"。而人们在品味后，更可嗅茶的"低温香"或者"冷香"。好的茶叶，必然有持久的香气。

（六）品味

品味指品尝茶汤的滋味。茶汤滋味是茶叶的甜、苦、涩、酸、鲜等多种呈味物质综合反映的结果。茶汤的滋味以微苦中带甘为最佳。好茶喝起来甘醇浓稠，有活性，喝后喉头甘润的感觉会持续很久。

人们一般认为，绿茶滋味鲜醇爽口，红茶滋味浓厚、鲜爽，乌龙茶滋味酽醇回甘，这是判断上乘茶的重要标志。由于舌的不同部位对滋味的感觉不同，品尝滋味时，要使茶汤在舌头上均匀滚动，才能正确而全面地分辨出茶味来。品味时，舌头的姿势要正确：把茶汤吸入嘴后，舌尖顶住上层齿根，嘴唇微微张开，舌稍向上抬，使茶汤摊在舌的中部，再用腹部呼吸慢慢吸入空气，使茶汤在舌上微微滚动，连吸两次气后，辨出滋味。这种品尝方式称为啜茶。若初感有苦味的茶汤，应抬高舌位，把茶汤压入舌根，进一步评定苦的程度。对疑有烟味的茶汤，应在茶汤入口后，闭合嘴巴，舌尖顶住上颚板，用鼻孔吸气，把口腔鼓大，使空气与茶汤充分接触后，再由鼻孔把气放出。这样重复两三次，对烟味的判别效果就会明确。

品味茶汤的温度以 40—50℃ 最为适合。若高于 70℃，味觉器官容易烫伤，影响正常的品味；低于 30℃ 时，味觉品评茶汤的灵敏度较差，且溶解于茶汤中与滋味有关的物质在汤温下降时逐渐被析出，汤味由协调变为不协调。

品味时，每一口茶汤的量以 5 毫升左右最适宜。过多时，感觉满嘴是汤，口中难以回旋辨味；过少，会觉得嘴空，不利于辨别。每次在 3—4 秒内，将 5 毫升的茶汤在舌中回旋 2 次，品味 3 次即可，也就是一杯 15 毫升的茶汤分 3 次喝，这就是"品"的过程。品味要自然，速度不能快，也不宜大力吸啜，以免茶汤从齿隙冲出齿间的食物残渣，并与茶汤混合而增加异味。品味，主要是品茶的浓淡、强弱、爽涩、鲜滞、纯异等。为了真正品出茶的本味，在品茶前最好不要吃有强烈刺激味觉的食物，如辣椒、葱蒜、糖果等；也不宜吸烟，以保持味觉与嗅觉的灵敏度。喝下茶汤后，喉咙的感觉应是软甜、甘滑，有韵味，齿颊留香，回味无穷。

（七）各类茶的品饮

茶类不同，其质量特性各不相同。因此，不同的茶，品的侧重点不一样，由此导致品茶方法上的不同。

（1）高级细嫩绿茶的品饮：品茶时，先透过清亮的茶汤，观赏茶叶在杯中沉浮和舒展的姿态；再察看茶汁的浸出、渗透和汤色的变幻；然后端起茶杯，先闻其香，再呷上一口，含在口中，慢慢在口舌间来回动旋，如此往复品尝。

（2）乌龙茶的品饮：重在闻香和尝味。在茶事活动中，有闻香重于品味的，如中国台湾地区；也有品味更重于闻香的，如东南亚一带。潮汕一带强调热品，即洒茶入杯，慢慢使杯沿接唇，先闻其香，后品其味，再嗅杯底香。台湾地区采用的是温品，品饮时将茶汤趁热倾入公道杯，而后分注于闻香杯中，再一一倾入对应的小杯内，而闻香杯内壁留存的茶香，正是台湾地区品乌龙茶的精髓所在。品啜时，先将闻香杯置于双手手心间，使闻香杯口对准鼻孔，再用双手慢慢来回搓动闻香杯，使杯中香气尽可能得到最大限度的享用。至于啜茶方式，其与潮汕地区并无多大差异。

（3）红茶的品饮：红茶，人称"迷人之茶"。红茶色泽红亮油润、滋味甘甜可口。红茶除清饮外，还可以调饮，酸的如柠檬，辛的如肉桂，甜的如砂糖，润的如牛奶。品饮红茶重在领略它的香气、汤色和滋味。品饮时，先闻其香，再观其色，然后尝味。饮红茶，须在品字上下功夫，缓缓斟饮，细细品味，方可获得品饮红茶的真趣。

（4）白茶与黄茶的品饮：白茶属轻微发酵茶，制作时，通常将鲜叶经萎凋后，直接晒干而成。汤色和滋味比较清淡。黄茶的质量特点是黄汤黄叶。白茶中的白毫银针和黄茶中的君山银针具有极高的欣赏价值，用玻璃杯冲泡为最佳品饮方式。透过玻璃杯可以清晰看见柔嫩肥壮的芽头在杯中沉浮竖立。当然，清雅茶香，甘醇鲜爽的滋味，也是品赏的重要内容。所以在品饮前，可先观干茶，它似银针落盘，如松针铺地；再用直筒无花纹的玻璃杯以85℃的开水冲泡，观赏茶芽在杯水中上下浮沉、耸直林立的过程；接着，闻香观色。通常要在冲泡后5分钟左右，开始尝味。这类茶尤重观赏，其品饮方法带有一定的特殊性。

（5）花茶的品饮：花茶可以用玻璃杯冲泡。高级花茶一经冲泡后，可立时观赏茶在水中的飘舞、沉浮、展姿，以及茶汁的渗出和茶汤色泽的变幻。当冲泡2—3分钟后，即可闻香。茶汤稍凉适口时，喝少许茶汤在口中停留，以口吸气、鼻呼气相结合的方法，使茶汤在舌面来回流动，口尝茶味和余香。

第二节　茶艺的分类

目前，茶文化界对于茶艺的分类比较混乱。有以人为主体，分为宫廷茶艺、文士茶艺、宗教茶艺、民俗茶艺；有以茶类为主体，分为乌龙茶艺、绿茶茶艺、红茶茶艺、花茶茶艺；还有以行政区划为主体，分为某地茶艺，甚至有以个人命名的某氏茶艺（道），不一而足。

如果我们承认茶艺就是茶的冲泡技艺和品饮艺术的话，那么以冲泡方式作为分类标准，应该是较为科学的。考察中国的饮茶历史，茶的饮法有煮、煎、点、泡四类，形成艺的有煎法、点法、泡法。依艺而言，中国茶道先后产生了煎道、点道、泡道三种形式。

茶艺的分类标准首先应依据习法，茶道亦如此。依习法，中国古代形成了煎道（艺）、点道（艺）、泡道（艺）。日本在吸收中国茶道的基础上结合民族文化形成了"抹道""煎道"两大类，两类均流传至今，且流派众多。但中国的煎道（艺）亡于南宋中期，点道（艺）亡于明朝后期，仅有形成于明朝中期的泡道（艺）流传至今。从历史上看，中华艺则有煎艺、点艺、泡艺三大类。

其次，茶艺应依据主泡茶具来分类。在泡艺中，因使用主泡茶具的不同而分为壶泡法和杯泡法两大类。壶泡法是在壶中泡，然后分斟到杯（盏）中饮用；杯泡法是直接在杯（盏）中泡并饮用，明代人称为"撮泡"，撮入杯而泡。清代以来，从壶泡法茶艺又分化出专属冲泡青茶的工夫茶艺，杯泡法茶艺又可细分为盖杯泡法茶艺和玻璃杯泡法茶艺。工夫茶艺原特指冲泡青茶的茶艺，当代人又借鉴工夫茶具和泡法来冲泡非青茶类的，故另称为工夫法茶艺，以与工夫茶艺相区别。这样，泡艺可分为工夫茶艺、壶泡茶艺、盖杯泡茶艺、玻璃杯泡茶艺、工夫法茶艺五类。若算上少数民族和某些地方的饮茶习俗——民俗茶艺，则当代茶艺可分为工夫茶艺、壶泡茶艺、盖杯泡茶艺、玻璃杯泡茶艺、工夫法茶艺、民俗茶艺六类。民俗茶艺的情况特殊，方法不一，多属调饮，实难作为一类，这里姑且将其单列。

在当代的六类茶艺中，工夫茶艺又可分为武夷工夫茶艺、武夷变式工夫茶艺、台湾工夫茶艺、台湾变式工夫茶艺。武夷工夫茶艺是指源于武夷山的青小壶单杯泡法茶艺，武夷变式工夫茶艺是指用盖杯代替壶的单杯泡法茶艺，台湾工夫茶艺是指小壶双杯泡法茶艺，台湾变式工夫茶艺是指用盖杯代替壶的双杯泡法茶艺。壶泡茶艺又可分为绿茶壶泡茶艺、红茶壶泡茶艺等。盖杯泡茶艺又可分为绿茶盖杯泡茶艺、红茶盖杯泡茶艺、花茶盖杯泡茶艺等。玻璃杯泡茶艺又可分为绿茶玻璃杯泡茶艺、黄茶玻璃杯泡茶艺等。工夫法茶艺又可分为绿茶工夫法茶艺、红茶工夫法茶艺、花茶工夫法茶艺等。民俗茶艺则有四川的盖碗、江浙的薰豆、江西修水的菊花、云南白族的三道等。中华茶艺的分类见图2-1所示。

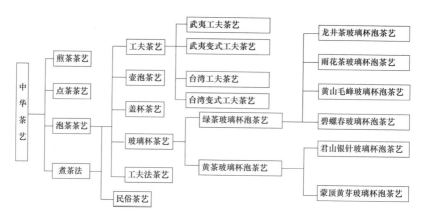

图 2-1　中华茶艺的分类

中国茶艺千姿百态,异彩纷呈,是中华文明花园中的一朵奇葩。茶艺是指冲泡一壶茶的技艺和品赏茶的艺术。其过程体现形式和精神的相互统一,是一种在饮茶活动过程中形成的文化现象。它历史悠久,文化底蕴深厚,与宗教结缘。茶艺包括:备茶具、选茗、择水、烹茶技术、茶席设计等一系列内容。茶艺背景是衬托主题思想的重要手段,它渲染茶性清纯、幽雅、质朴的气质,增强艺术感染力。不同风格的茶艺有不同的背景要求,只有选对了背景才能更好地领会茶的滋味。根据茶叶、地区、冲泡方式等不同标准可以分为以下几类。

一、按茶叶分类

(1)绿茶茶艺(如龙井茶艺、碧螺春茶艺);

(2)红茶茶艺(如小种工夫茶艺、宁红茶艺);

(3)乌龙茶茶艺(如武夷大红袍茶艺、铁观音茶艺);

(4)白茶茶艺(如福鼎白茶茶艺、政和白牡丹茶艺);

(5)黄茶茶艺(如蒙顶黄芽茶茶艺);

(6)黑茶茶艺(云南普洱茶茶艺、湖南黑茶茶艺)。

二、按地域分类

每一种茶艺所在地不同,茶艺表演内容、待客形式都会体现地方差异,如广东潮汕工夫茶茶艺就不同于武夷工夫茶茶艺和台湾冻顶乌龙茶茶艺。又如云南普洱茶艺与湖南黑茶茶艺不同，表现出了地方民族特色。

三、按冲泡方式分类

根据冲泡茶叶所用器具不同进行分类，可分为：工夫茶茶艺、盖碗茶艺、玻璃杯茶艺。一般而言，乌龙茶适合用紫砂小壶冲泡，注重闻香、赏汤和小口细啜，慢慢品味。如武夷工夫茶茶艺、安溪铁观音茶艺、广东潮汕工夫茶茶艺等。绿茶、花茶、红茶用白瓷或青花瓷盖碗冲泡才利于鉴赏汤色、品尝滋味。

根据待客形式又可分为：待客型茶艺和表演型茶艺两类。待客型茶艺注重茶事服务和沟通，解说词形式自由、活泼；表演型茶艺注重舞台艺术效果和茶艺氛围的营造，表演要结合插花、挂画、焚香、点茶和音乐的手段来表现文化内涵，具有较强的观赏性。

四、按茶艺表现内涵分类

1. 宫廷茶艺

宫廷茶艺是我国古代帝王为敬神祭祖或宴赐群臣进行的茶艺，比较有名的有唐代的清明茶宴、唐玄宗与梅妃斗茶、唐德宗时期的唐宫廷茶艺，宋代皇帝游观赐茶、视学赐茶，以及清代的太后三道茶茶艺等。宫廷茶艺的特点是场面宏大、礼仪烦琐、气氛庄严、茶具奢华、等级森严且带有政治色彩。

2. 文士茶艺

文士茶艺是在历代儒士们品茗斗茶的基础上发展起来的茶艺。比较有名的有唐代吕温写的《三月三日茶宴序》，颜真卿等名士在月下啜茶联句，白居易的湖州茶山境会，以及宋代文人在斗茶活动中所用的点茶法、瀹茶法等。文士茶艺的特点是文化内涵厚重，品茗时注重意境，茶具精巧典雅，表现形式多样，气氛轻松怡悦。其常和清谈、赏花、玩月、抚琴、吟诗、联句、鉴赏古董字画等相结合，深得怡情悦心、修身养性之真趣。

3. 民俗茶艺

我国是有 56 个民族相依存的大家庭，各民族虽对茶有共同的爱好，但却有着不同的品茶习俗，就连汉族内部也是不同的。在长期的茶事实践中，不少地方的老百姓都创造出了有独特韵味的民俗茶艺。如藏族的酥油茶、蒙古的奶茶、白族的三道茶、畲族的宝塔茶、布朗族的酸茶、土家族的擂茶、维吾尔族的香茶、纳西族的"龙虎斗"、苗族的油茶、回族的罐罐茶及傣族和拉祜族的竹筒香茶等。民俗茶艺的特点是表现形式多姿多彩，清饮调饮不拘一格，具有极广泛的群众基础。

4. 宗教茶艺

我国的佛教和道教与茶结有深缘，僧人羽士们常以茶礼佛、以茶祭神、以茶助道、以茶待客、以茶修身，所以形成了多种茶艺形式。目前流传较广的宗教茶艺主要有禅茶茶艺、道家茶艺和太极茶艺等。宗教茶艺的特点是特别讲究礼仪，气氛庄严肃穆，茶具古朴典雅，强调修身养性或以茶释道。

第三节　茶艺的要素

茶艺的分类多种多样，表演形式变化万千，总的来说由六方面要素组成，即选茶、择水、备器、环境、技艺、品饮，简称茶艺六要素。

一、选茶

茶叶是茶艺的第一要素，只有首先选好茶叶，才能选择泡茶之水、茶具，才能确定冲泡的方式和品饮的要领。不同的时代，制茶泡茶方法不同，故判断茶叶品质的标准也有差异。最早提到茶叶的选择标准的是陆羽："野者上，园者次。阳崖阴林，紫者上，绿者次；笋者上，牙者次；叶卷上，叶舒次。"[1] 陆羽认为，野生的茶

---

[1] 陆羽. 茶经·卷上·一之源 [M]// 朱自振，沈冬梅. 中国古代茶书集成. 上海：上海文化出版社，2010：5.

叶比人工园栽的茶叶要好，生长在向阳阴林中的茶叶紫色的比绿色的要好，呈笋状的茶芽尖比普通的茶芽要好，叶子卷的比叶子张开的要好。宋代蔡襄也提出了选择茶叶的标准——"茶色贵白""茶有真香""茶味主于甘滑"[1]，第一次将色、香、味作为评判茶叶品质优劣的标准。而宋徽宗则将味摆在首位："夫茶以味为上，香甘重滑，为味之全。""茶有真香，非龙麝可拟……点茶之色，以纯白为上真，青白为次，灰白次之，黄白又次之。"[2]明代盛行散茶冲泡，与今天相同。张源的好茶标准是："茶有真香，有兰香，有清香，有纯香。""茶以青翠为胜。""味以甘润为上。"[3]到清代，六大茶类均已产生，绿茶、黄茶、青茶、红茶、白茶、黑茶、花茶等品种齐全，品质优异，风味独特，各具风韵，各地饮茶方式呈多样化。如：北方地区人们喜爱茉莉花茶、绿茶，长江流域人们喜爱绿茶，闽粤地区人们偏爱乌龙茶，云南和四川地区人们喜爱黑茶和红茶、绿茶，西北地区少数民族则喜爱砖茶，全国各地饮茶方式百花齐放。

二、择水

历来茶人均重视选水。茶的色香味，都需要通过水来充分展现。最早提到饮茶用水的是西晋杜育的《荈赋》："水则岷方之注，挹彼清流。"意思是烹茶使用的水来自岷山的涌流，汲取清澈的流水。陆羽在《茶经》中说："其水山水上，江水中，井水下。"宋代文人苏东坡总结泡茶的经验说，泡茶用水应选甘甜的活水——山泉水。历代茶人还到处察水，评泉。其中对天下第一泉的判断都有差异。陆羽认为江西庐山康王谷谷帘泉水第一，唐代刘伯刍认为江苏镇江中泠泉第一，清代乾隆皇帝认为北京玉泉山玉泉第一。宋徽宗总结饮茶用水的基本标准应当是：清、轻、甘、活。这与现代科学实验检测水质的感官标准——无毒洁净的天然饮用软水是一致的。

---

[1] 朱自振，沈冬梅.中国古代茶书集成 [M].上海：上海文化出版社，2010：101.

[2] 朱自振，沈冬梅.中国古代茶书集成 [M].上海：上海文化出版社，2010：126-127.

[3] 张源.茶录 [M]// 朱自振，沈冬梅.中国古代茶书集成.上海：上海文化出版社，2010：246-247.

三、备器

准备泡茶的器具是品茗的前提。明代许次纾在《茶疏》中说："茶滋于水，水藉于器。"[1] 茶具在茶艺要素中占据重要地位，不仅是技术上的需要也是艺术上的需要，是茶艺审美的对象之一。最早提出茶具审美的是西晋的杜育："器择陶简，出自东隅。"[2] 他所写是四川地区饮茶的情形——选水用岷山的清流，茶具却选择浙江的青瓷，看中的不仅是实用功能，更是青瓷的器形和釉色。唐代陆羽称赞"越州瓷岳瓷皆青，青则益茶"[3]，并将浙江越窑青瓷与北方邢窑白瓷对比，认为白瓷"类银、类雪"，青瓷"类玉、类冰"[4]。唐代越窑出产"秘色瓷"，专供皇宫饮茶使用。宋代盛行斗茶，讲究茶汤泡沫越白越好，福建建窑出产的黑釉兔毫盏在当时很受欢迎。明代江西景德镇生产的青白瓷茶具名扬海内外，清代的粉彩、青花瓷、斗彩盖碗茶具从选料、上釉到绘图要求越来越高，茶具有很高的审美价值。随着现代工业技术的不断进步，茶具的种类也越来越多，一般而言，冲泡名优绿茶可选用透明无刻花玻璃杯或白瓷、青瓷、青花瓷盖碗，花茶可选用青花瓷、青瓷、斗彩、粉彩盖碗，普洱茶、乌龙茶可选用紫砂壶和小品茗杯，黄茶可选用白瓷、黄釉瓷杯或盖碗，红茶可选用白瓷壶、白底红花瓷壶和盖碗，白茶可选用白瓷茶具。

四、环境

品茗环境自古以来要求宁静、高雅。可以选竹林野外，也可以在寺院或书斋、陋室。总体来说分为野外、室内和人文三类。野外环境追求的是天人合一的哲学思想，追

---

[1] 许次纾. 茶疏 [M]// 朱自振，沈冬梅. 中国古代茶书集成. 上海：上海文化出版社，2010：261.

[2] 杜育. 荈赋 [M]// 陈祖槼，朱自振. 中国茶叶历史资料选辑. 北京：农业出版社，1981：204.

[3] 陆羽. 茶经·卷中·四之器·碗 [M]// 朱自振，沈冬梅. 中国古代茶书集成. 上海：上海文化出版社，2010：8.

[4] 朱自振，沈冬梅. 中国古代茶书集成 [M]. 上海：上海文化出版社，2010：8.

求人与自然的和谐，借景抒情，寄情于山水间，试图远离尘世，淡忘功利，净化心灵。室内环境对于文人雅客更为适合。人们可以根据自己的喜好布置成书斋式或茶馆、茶亭式。在宋代市井中就出现了很多集曲艺为一体的茶馆，客人可以一边饮茶一边欣赏窗外美景和室内戏曲，达到放松休闲的目的。人文环境更多注重好友相聚，通过品茗论道，写诗作画、赏景，便能达到沟通心灵、联系友谊、启迪智慧的目的了。当今生活中人们可以不拘泥于形式，或选择青山绿水、鸟语花香的春暖时节与家人好友一边品茗一边叙谈吟诗，尽情享受高雅的生活艺术。

五、技艺

冲泡的技艺直接影响茶的色香味，是品茗艺术的关键环节。泡茶的技艺，主要看煮水和冲泡。关于煮水，陆羽认为"其沸如鱼目，微有声，为一沸。边缘如涌泉连珠，为二沸。腾波鼓浪，为三沸。已上水老，不可食也"[1]，这是符合唐代煮茶的煮水要求的。煮水还应当用燃出火焰而无烟的炭火，其温度高，烧水最好。古人对水温很重视，如果水温太低，茶叶中的有效成分就不能及时浸出，滋味淡薄，汤色不美；如果水温太高，水中的二氧化碳散尽，会减弱茶汤的鲜爽度，汤色不明亮，滋味不醇厚。这些都与现代科学研究结果相符。一般来说，冲泡红茶、绿茶、花茶，可用85—90℃开水冲泡。如果是高级名优绿茶则用80℃的开水冲泡；如果是乌龙茶则用100℃的开水冲泡为宜。一般茶叶与水的比例是1：50。

六、品饮

品尝茶汤滋味是茶艺过程中的主要环节，是判断茶叶优劣的关键因素。品茗重在意境的追求，可视为艺术欣赏活动，要细细品啜，徐徐体察，从茶汤美妙的色香味中得到审美愉悦，引发联想，抒发感情，慰藉心灵。一般品茗分为观色、闻香、品味三个过程。

观色：主要观看茶汤的颜色和茶叶的形态。绿茶有浅绿、嫩绿、翠绿、杏绿、

---

[1] 陆羽.茶经·卷下·五之煮[M]// 朱自振，沈冬梅.中国古代茶书集成.上海：上海文化出版社，2010：9.

黄绿之分，以嫩绿、翠绿为上；红茶有红艳、红亮、深红之分，以红艳为好；同是黄茶就有杏黄、橙黄之分；同是乌龙茶也有金黄、橙黄、橙红之分。这都需要仔细判断，综合比较。

闻香：是嗅觉上判断茶叶品质的重要步骤。好的茶香，自然纯真，沁人心脾，令人陶醉；低劣的茶香，则有焦烟、青草等杂味。根据温度和芳香物质散发的不同，可察觉清香、花香、果香、乳香、甜香等香气，令人心情愉快。例如花香型乌龙茶可散发不同的香气，分为清花香和甜花香。清花香有兰花香、栀子香、珠兰花香、米兰花香等，甜花香有玉兰花香、桂花香、玫瑰花香、紫罗兰香等。

品味：观色、闻香后，再品其味。茶汤的滋味，也是复杂多样的。茶叶中对味觉起主要作用的是茶多酚、氨基酸。不同条件下，这些物质含量比例的变化会呈现出不同的滋味。因此，茶汤入口后不要急于咽下，而须吸气，在口腔中稍作停留，使茶汤与味蕾充分接触，感受茶汤的酸、甜、咸、苦、涩等味，才能充分辨别茶汤的滋味特征，享受回味。绿茶的滋味以鲜爽甘醇为主，红茶的滋味以甘醇浓厚为主，乌龙茶以浓醇厚重为主，陈茶带有明显的陈甜味。

第四节　表演型茶艺

茶艺是泡茶和品茗的艺术，分为待客型与表演型两大类。

待客型茶艺侧重于与宾客交流，鉴赏茶叶的品质；表演型茶艺讲究舞台艺术效果和茶艺的文化氛围，旨在通过茶艺表演的环境布置、音乐选择、服装、器具、解说词、焚香、挂画、插花等舞台艺术，展现茶之美、器之美、水之美、人之美、境之美和艺之美。只有各种因素都围绕主题和谐地组合，才能收到良好的效果。

鉴赏茶艺的基本要点：

一看是否顺和茶性。通俗地说就是按照这套程序来操作，是否能把茶叶的内质发挥得淋漓尽致，泡出一壶最可口的好茶来。各类的茶性（如粗细程度、老嫩程度、发酵程度、火功水平等）各不相同，所以泡不同的茶时所选用的器皿、水温、投茶方式、冲泡时间等也应不相同。表演茶艺，如果不能把茶的色、香、味充分地展示出来，那就泡不出一壶真正的好茶，也就算不得好的茶艺表演。如：冲泡名优绿茶需要80℃的水温，在绿茶茶艺表演中就有一道程序来表现冲泡技艺的科学性——"玉壶养太和"，通过凉汤使水温合适，不会造成熟汤失味。

二看是否符合茶道。通俗地说，就是看这套茶艺是否符合茶道所倡导的"精行俭德"的人文精神，以及"和静怡真"的基本理念。茶艺表演既要以道释艺又要以艺示道：以道释艺，就是以茶道的基本理论为指导编排茶艺的程序；以艺示道，就是通过茶艺表演来表达和弘扬茶道的精神。如在武夷工夫茶茶艺表演程序中就有几道反映茶道追求真善美的表演设计："母子相哺，再注甘露"反映的是人间亲情；"龙凤呈祥"反映的是爱情；"君子之交，水清味美"反映的是淡如水的友情。茶艺表演的十八道程序里充满了浓浓的真情。

三看是否科学卫生。目前我国流传较广的茶艺多是在传统的民俗茶艺的基础上整理出来的。有个别程序按照现代的眼光去看是不科学、不卫生的。有些茶艺的洗杯程序是把整个杯放在一小碗里洗，甚至是杯套杯洗，这样会使杯外的脏物沾到杯内，越洗越脏。对于传统民俗茶艺中不够科学、不够卫生的程序，在整理时应当舍弃。

四看文化品位。主要是指各个程序的名称和解说词应当具有较高的文学水平。解说词的内容应当生动准确，有知识性和趣味性，应能够艺术地介绍所冲泡的茶叶的特点及历史。如武夷工夫茶茶艺表演程序，就借用了武夷山风景区九曲溪畔的一处摩崖石刻"重洗仙颜"来衬托修炼得道的道教文化的茶艺内涵，让茶艺与景致相互辉映，相得益彰。再如禅茶茶艺中"达摩面壁""法轮常转""佛祖拈花""普度众生"等程序，在茶艺表演的同时给人佛教教义和典故的洗礼，含义隽永，意味深长。

按茶艺表演的内容风格可分为：文士茶艺、宫廷茶艺、民俗茶艺、禅茶茶艺等。各地可根据地方文化特色编排茶艺表演，从舞台背景、音乐、演员、道具、色调、讲解、服装、程序等方面综合表现茶文化的博大精深。如绿茶茶艺表演程序：焚香除妄念—冰心去凡尘—玉壶养太和—清宫迎佳人—甘露润莲心—凤凰三点头—碧玉沉清江—观音捧玉瓶—春波展旗枪—慧心闻茶香—淡中品至味—自斟乐无穷。无论是程序的编排、道具的选择，还是内涵的解读，都能让人全身心投入到感受绿茶那清雅质朴的茶韵之中，其乐无穷，将品茶生活升华为人与自然、人与人、人与社会身心交会的艺术境界。

　　茶艺表演源于生活，更高于生活，它既是寻常百姓饮茶风俗的反应，又将饮茶与歌舞、诗画等融为一体，使饮茶方式艺术化且更具有观赏性，使人们从中得到艺术享受。如浙江德清向来有用咸茶敬客的风俗。咸味茶用橘子皮、烘青豆、芝麻、豆腐干、笋干等地方特产与茶一起冲泡而成，当地凡女儿出嫁，或走亲访友必饮此茶。这种茶俗已成为当地的特色茶艺。云南白族同胞有饮用三道茶的习俗：将茶冲泡成一苦（沱茶原味）、二甜（加入白糖、清茶）、三回味（加入生姜、花椒、蜂蜜）茶奉给宾客，颇有民族特色。三道茶配上富含哲理的解说词和优美的乐曲，表演者身穿白族服装按"客来敬茶"的习俗与宾客品茶。观赏三道茶的茶艺表演，不仅可以领略独特的民俗茶艺，观赏到优美的冲泡技艺，还能从中领悟人生一苦二甜三回味的深刻哲理，深受各地游客喜爱。

　　茶艺表演是生活的艺术、艺术的生活。以茶示礼，以茶载道，以茶养廉，以茶明志是茶艺表演不变的主题，可以根据各地习俗、社会风尚结合冲泡技艺不断创新，使之富有个性。

第五节　中国工夫茶

　　工夫茶流行于闽粤台一带，是中国茶道的一朵奇葩。工夫茶既是茶叶名，又是茶艺名。工夫茶的定义有一个演变发展的过程，起初指的是武夷岩茶，后来还被认为是武夷岩茶（青茶）泡饮法，接着又泛指青茶泡饮法。

一、工夫茶源于武夷茶

　　工夫茶源于武夷茶，是武夷岩茶的上品。史料依据有清代彭光斗《闽琐记》（1766）、袁枚《随园食单》（1786）、梁章钜《归田琐记》（1845）、施鸿保《闽杂记》（1857）、徐坷《清稗类钞》、连横《雅堂文集》（1878—1936）等。关于工夫茶，不少学者专家做过探究，有庄晚芳的《中国茶史散论·乌龙茶史话》，姚月明的《武夷岩茶论文集》，张天福等的《福建乌龙茶》，庄任的《闲话武夷茶、工夫、小种》，谢继东的《乌龙茶和工夫茶艺的历史浅探》，林长华的《闲来细品工夫茶》和曾楚南的《潮州工夫茶刍探》等研究成果行世。[1]

1. 从武夷茶到武夷岩茶

研究武夷岩茶的始源，首先要明确武夷茶和武夷岩茶是两个不同范畴的概念。

在明末清初以前，武夷之茶只能称"武夷茶"而不能称"武夷岩茶"。因为两者有根本区别，前者应解释为武夷之茶，包括蒸青团饼茶、炒青散茶，以及小种红茶、龙须茶、莲心等诸茶；后者是专指乌龙茶（青茶）类，即生产加工在武夷的半发酵茶。可见，武夷茶是从古至今所有生长在武夷山地区的茶叶的总称，而武夷岩茶则专指乌龙茶类。

其实，早在20世纪80年代初，著名茶学专家陈椽教授在其主编的《中国名茶研究选集》中便有辨析："目前，茶业学术界，有人把武夷茶与武夷岩茶划等号，甚至说驰名国际茶叶市场的星村正山小种称武夷茶，也是属武夷岩茶。是不知武夷岩茶是武夷茶的内涵，而武夷茶是武夷岩茶的外延。有人认为历史记载，武夷茶就是武夷岩茶的创始年代，把正山小种创始年代抛在武夷岩茶之后。这是不实事求是的，与国内外的茶业历史不相容。当然，武夷山岩早于武夷茶，但是武夷山范围很广，不是所有茶树都是生长在岩上。所以历代称武夷茶不称武夷岩茶。"[2] 陈椽教授认为讲茶文化的历史，要避免出现一种"竞古比早"的倾向，武夷茶不等同于武夷岩茶。武夷茶比武夷岩茶出现得更早，武夷岩茶是武夷茶的一部分。

另外，循中国茶类的发展轨迹，可以理解武夷茶与武夷岩茶的含义。

唐宋元时期，武夷茶为蒸青绿团茶、蒸青散茶。

武夷山有茶可能是在唐朝末期或者更早时期，因为唐末五代人徐夤《尚书惠蜡面茶》诗有"武夷春暖月初圆，采摘新芽献地仙"[3] 句。唐代之初，蒸青团茶是一种主要茶类。饮用时，加调味烹煮汤饮。随着茶事的兴盛，贡茶的出现加速了茶叶的栽培加工技术的发展，涌现了许多名茶，如建州大团、方山露芽、武夷研膏、腊面、

[1] 郭雅玲.工夫茶的由来与延伸的若干问题探讨 [J].农业考古，2000（2）：148-150.

[2] 陈椽.中国名茶研究选集 [M].合肥：安徽省科学技术委员会，1985：21.

[3] 徐夤.尚书惠蜡面茶 [M]// 庄昭.茶诗三百首.广州：南方日报出版社，2003：15.

晚甘喉。其中，后三种已成为武夷茶的别称。

宋代诗文，对武夷产茶有记录。宋代贡茶，首重建安北苑，次则壑源。武夷茶不入贡，名不显，但在北宋"亦有知之者"。宋代茶著，如蔡襄《茶录》、赵佶《大观茶论》诸书，均未提及武夷茶。但范仲淹《和章岷从事斗茶歌》诗，有"溪边奇茗冠天下，武夷仙人从古栽"[1]句；苏轼《荔枝叹》诗有"君不见，武夷溪边粟粒芽，前丁后蔡相笼加"句，其《凤咮砚铭》有"帝规武夷作茶囿"[2]。在宋代，除保留传统的蒸青团茶以外，已有相当数量的蒸青散茶。散茶是蒸青后直接烘干，呈松散状。片茶主要是龙凤贡茶及白茶，花色品种繁多，半个世纪内创造了40多种名茶。宋代武夷已注意到名丛的培育，如石乳、铁罗汉、坠柳条等。另外，随着茶品的日益丰富与品茶的日益研究，人们逐渐重视茶叶原有的色香味。在建州茶区为了评比茶叶的品质，出现了"斗茶"，建人谓之"茗战"。传统的烹饮习惯正是由宋代开始至明出现巨大变化的。《宋史·食货志》云："茶有两类，曰片茶，曰散条。"[3]片茶即团饼茶，是将茶蒸后，捣碎压饼片状，烘干后以片计数。

元代，团茶已开始逐渐被淘汰。据元人赵孟𫖯《御茶园记》："武夷，仙山也。岩壑奇秀，灵芽苗焉。世称石乳，厥品不在北苑下。然以地啬其产，弗及贡。至元十四年，今浙江省平章高公兴，以戎事入闽。越二年，道出崇安。有以石乳饷者，公美芹恩献，谋始于冲佑道士，摘焙作贡。"[4]可知，除武夷御茶园制龙团凤饼名"石乳"之外，散茶得到较快的发展。当时制成的散茶因鲜叶老嫩程度不同而分两类：芽茶和叶茶。芽茶为幼嫩芽叶制成的，如当时武夷的探春、先春、次春、拣芽以及紫笋；叶茶为较大的芽叶制成，如武夷雨前。

明代的武夷茶还被视为炒青、烘青绿茶和正山小种红茶。

明代，废团兴散，结束了单一的茶类，武夷除蒸青散茶以外，出现了炒青绿茶以及正山小种红茶。

明初，朱元璋罢贡团茶，散茶大兴。武夷山原产团饼茶，改制散茶后一时难以适应，

---

[1] 庄昭.茶诗三百首[M].广州：南方日报出版社，2003：122.

[2] 苏轼著，李之亮笺注.苏轼文集编年笺注·诗词附3[M].成都：巴蜀书社，2011：17.

[3] 王雷鸣.历代食货志注释·第2册[M].北京：农业出版社，1985：393.

[4] 萧天喜.武夷茶经[M].北京：科学出版社，2008：494.

一度衰微，但不久又重新振作，武夷茶又成为明代绿茶中的名品。许次纾的《茶疏》有载："江南之茶，唐人首重阳羡，宋人最重建州，于今贡茶，两地独多。阳羡仅有其名，建茶亦非最上，惟有武夷雨前最胜。"[1]谢肇淛的《五杂俎》亦有载："今茶品之上者，松萝也，虎丘也，罗岕也，龙井也，阳羡也，天池也，而吾闽武夷、清源、鼓山三种可与角胜。"[2]此外，徐渭的《刻徐文长先生秘集》、陈继儒的《太平清话》、吴拭的《武夷杂记》和罗廪的《茶解》等古籍中，也都提到武夷茶在明代是一种有名的茗品。洪武年间武夷罢贡，团饼茶已较多改为散茶，烹茶方法由原来的以煎煮为主逐渐向以冲泡为主发展。茶叶以开水冲泡，然后细品缓啜，清正袭人的茶香，甘洌醇醇的茶叶以及清澈明亮的茶汤，更能领略茶之天然香味品性。据罗廪《茶解》所载"而今之虎丘、罗岕、天池、顾渚、松萝、龙井、雁荡、武夷、灵山、大盘、日铸诸有名之茶"[3]一句，可知明代茶以虎丘、天池、罗岕、龙井、阳羡、松萝、武夷最为著名，武夷茶声誉日隆。

武夷山是红茶的故乡，红茶鼻祖——正山小种红茶出现于明末16世纪末17世纪初。《清代通史》是记录小种红茶的最早史料："明末崇祯十三年红茶（有工夫茶、武夷茶、小种茶、白毫等）始由荷兰转至英伦。"这段记载表明小种红茶的名称在明崇祯十三年（1640）前已出现。[4]

清代的武夷茶为青茶。

青茶创制于清代，也称"乌龙茶"，与绿茶、黄茶、黑茶、白茶、红茶并称为中国六大茶类。青茶的制作是六大茶类中最为考究的。武夷岩茶的制法是：采摘后摊放，晒青后摇青，摇到散发出浓香就炒、焙、拣。乌龙茶的见证人王草堂记载："武夷茶……茶采后，以竹筐匀铺，架于风日中，名曰晒青。俟其青色渐收，然后再加烘焙。阳羡岕片只蒸不炒，火焙以成。松萝、龙井皆炒而不焙，故其色纯。独武夷炒焙兼施，烹出之时，半青半红，青者乃炒色，红者乃焙色。茶采而摊，摊而摵，

[1] 许次纾.茶疏[M]//朱自振，沈冬梅.中国古代茶书集成.上海：海文化出版社，2010：259.

[2] 谢肇淛.五杂俎·茶录[M]//萧天喜.武夷茶经.北京：科学出版社，2008：497.

[3] 罗廪.茶解[M]//朱自振，沈冬梅.中国古代茶书集成.上海：上海文化出版社，2010：321.

[4] 萧一山.清代通史（卷二）[M].上海：华东师范大学出版社，1985：847.

香气发越即炒，过时不及皆不可。既炒既焙，复拣去其老叶枝蒂，使之一色。"[1]此外，《王草堂茶说》中也记录了武夷岩茶的制作工序：晒青、摇青、炒青、烘焙、拣剔等，这些工序乃武夷岩茶（青茶）的基本工序。

岩茶品质优异，出类拔萃，素以"岩骨花香"之名著称于世。世纪茶人张天福先生曾说，武夷岩茶不仅品质超群，而且在中国乃至世界茶发展史上都占有极其重要的地位。

武夷岩茶分岩茶与洲茶两类。洲茶又有莲子心、白毫（寿星眉）、凤尾、龙须等品种，洲茶品质远不及岩茶。清代崇安县令土梓在其所撰《茶说》中有载："武夷山，周回百二十里，皆可种茶。茶性，他产多寒，此独性温。其品有二：在山者为岩茶，上品；在地者为洲茶，次之。香清浊不同，且泡时岩茶汤白，洲茶汤红，以此为别。"[2]岩茶与洲茶的生长环境不同，香清浊不同，就是汤色也不一样，岩茶汤白，洲茶汤红。

武夷岩茶是各种武夷山乌龙茶的统称。岩茶，顾名思义，即在大山岩石的岩罅隙地上生长的茶。武夷岩茶品质之优异，虽因茶树品种之优异所致，但得天独厚之处仍属不少，地势土壤、气候等天然条件，均影响产茶之良窳。武夷山位于武夷山市东南部，方圆六十平方千米，有三十六峰九十九岩，岩岩有茶，茶以岩名，岩以茶显，故名岩茶，名酽茶，意为茶鲜纯、浓厚。由此可知，乌龙茶是由武夷茶派生而创制的武夷岩茶。

2. 工夫茶 —— 武夷岩茶之佳品

史料记载，将武夷岩茶与"工夫"联系起来的两个关键人物为释超全和王草堂。释超全（1625—1711）在《武夷茶歌》[3]中写道："……近时制法重清漳（注：清漳是漳州府的雅称），漳芽漳片标名异。如梅斯馥兰斯馨，大抵焙时候香气。鼎中笼上炉火温，心闲手敏工夫细。岩阿宋树无多丛，雀舌吐红霜叶醉。终朝采采不盈掬，漳人好事自珍秘。积雨山楼苦昼间，一宵茶话留千载。"释超全认为武夷岩茶的制茶人主要是漳州人，制作者"心闲手敏工夫细"。诗中"如梅斯馥兰斯馨""心闲

[1] 王复礼.茶说[M]//朱自振，沈冬梅.中国古代茶书集成.上海：上海文化出版社，2010：943.

[2] 王梓.茶说[M]//朱自振，沈冬梅.中国古代茶书集成.上海文化出版社，2010：941.

[3] 萧天喜.武夷茶经[M].北京：科学出版社，2008：456.

手敏工夫细"两句，《王草堂茶说》表示是对武夷岩茶"形容尽矣"[1]。

《王草堂茶说》表示是对武夷岩茶首先将武夷岩茶与"工夫"二字相联系，《随见录》则最先以工夫茶来指称武夷岩茶："武夷茶在山上者为岩茶，水边者为洲茶。岩茶为上，洲茶次之。岩茶，北山者为上，南山者次之。南北两山，又以所产之岩名为名，其最佳者名曰工夫茶；工夫之上，又有小种，则以树名为名，每株不过数两，不可多得。洲茶名色有莲子心、白毫、紫毫、龙须、凤尾、花香、兰香、清香、奥香、选芽、漳芽等类。"[2]这说明"小种""工夫茶"二词均来源于福建武夷，是指武夷岩茶中的花色品名，只是等次不同。

清朝中叶乾隆年间，曾任崇安县令五载、喜爱武夷茶的刘靖在其《片刻余闲集》中记载："武夷茶高下分二种，二种之中，又各分高下数种。其生于山上岩间者，名岩茶；其种于山外地内者，名洲茶。岩茶中最高者曰老树小种，次则小种，次则小种工夫，次则工夫，次则工夫花香，次则花香……"此说与《随见录》"工夫之上，又有小种，则以树名为名"意义大体一致，均说明小种工夫、工夫、工夫花香三种武夷岩茶代表上中下三种等次的茶名。另外，刘靖指出"工夫"原是以岩为名，是武夷岩茶中之最佳者。"小种"则以树为名，是工夫茶中之最佳者。但后来随着武夷乌龙茶商品生产的发展，"工夫""小种"两个原花色品名被茶商用来作为武夷茶（武夷乌龙茶）的两个商品茶名了。[3]

清代乾嘉时官至江苏巡抚的梁章钜在其《归田锁记·品茶》中曾记载："余尝再游武夷，信宿天游观中，每与静参羽士夜谈茶事。静参谓茶名有四等，茶品亦有四等。今城中州府官廨及豪富人家竞尚武夷茶，最著者曰花香，其由花香等而上者，曰小种而已。山中以小种为常品，其等而上者曰名种。此山以下所不可多得。即泉州、厦门人所讲工夫茶。"[4]梁章钜认为武夷岩茶分为花香、小种、名种、奇种四等，其中名种被泉州人、厦门人视为工夫茶。

道光至光绪年间，官至内阁中书的福建侯官（今福州）人郭柏苍（1815—1890）

[1] 陈祖槼，朱自振.中国茶叶历史资料选辑[M].北京：农业出版社，1981：363.

[2] 陈祖槼，朱自振.中国茶叶历史资料选辑[M].北京：农业出版社，1981：362.

[3] 赵天相.工夫茶名之演变[J].农业考古，2004（4）：112.

[4] 萧天喜.武夷茶经[M].北京：科学出版社，2008：510.

在其《闽产录异·茶》中记载："闽诸郡皆产茶，以武夷为最。苍居芝城十年，以所见者录之。武夷寺僧多晋江人，以茶坪为业，每寺订泉州人为茶师。清明后谷雨前，江右采茶者万余人……火候不精，则色黝而味焦，即泉漳台澎人所称工夫茶，瓿仅一二两，其制法则非茶师不能。"[1] 这与静参道士所说泉州人、厦门人以名种为工夫茶一致。闽南安溪茶与闽北武夷岩茶，这南、北两种茶的制法均属工夫茶制法。

3. 工夫茶与武夷岩茶、红茶

民国时期，有人对将武夷岩茶归为青茶提出异议。据徐珂《可言》[2] 所记，可知有些人称武夷岩茶为红茶，因为其冲泡后汤色橙黄；也有些人认为武夷岩茶为绿茶，胡朴安曾言"工夫茶之最上者曰铁罗汉，绿茶也"，表示铁罗汉就是一种绿茶。

由前文可知，武夷岩茶与红茶都有称为工夫茶的品种。民国之后，岩茶就没有冠以"工夫"字眼了，"工夫"则全指红茶。如陈宗懋主编的《中国茶经·茶类篇·五》中，将红茶分为正山小种、小种红茶、红碎茶三大类，并且按地域分为祁门工夫、滇红工夫、宁红工夫、宜红工夫、川红工夫、闽红工夫、湖红工夫、越红工夫，等等。[3]

1840 年之后，随着五口通商，武夷乌龙茶外销畅旺，供不应求，各地群起仿制，且简化工艺，采取以红边茶为准，叶子晾晒后，经过揉捻、堆积，再用日晒加工而成的方式。事实上，这些茶不是乌龙茶，应被视为红茶。以红茶之名出现在市场上的茶叶逐渐被外商所接受，接着泛称为"工夫茶"的红色乌龙茶被正式改名为"工夫红茶"，"小种茶"则改为"小种红茶"，一直延续至今，成了当今我国条红茶的两个专用茶名。其中"小种红茶"特指产自武夷的条红茶，"工夫红茶"泛指产自其他各省茶区的条红茶，故有"祁门工夫""滇红工夫""宁红工夫"等之名。因此，在当今茶学辞书中，只有"工夫红茶"之名，而无"工夫茶"之称。[4]

---

[1] 萧天喜. 武夷茶经 [M]. 北京：科学出版社，2008：513.

[2] 主要内容："武夷山在福建崇安县南三十里……山产红茶，世以武夷茶称之。茶之行于市者，曰铁罗汉，曰四色种，曰林万泉，曰天井岩正水仙种，曰武夷山天心岩佛手种，曰武夷名色种，曰铁观音，曰雪梨，曰玉花种，曰大江名种。又有成块者，胡朴安则言工夫茶之最上者曰铁罗汉，绿茶也，铁观音以下皆红茶。"见徐珂. 可言 [M]// 陈祖椝，朱自振. 中国茶叶历史资料选辑. 北京：农业出版社，1981：363.

[3] 陈宗懋. 中国茶经 [M]. 上海：上海文化出版社，1992：213-220.

[4] 庄任. 闲话武夷茶、工夫、小种 [J]. 福建茶叶，1985（1）：28-30.

二、工夫茶茶艺内涵的变化

工夫茶名除了用在茶叶上，也涉及泡茶技艺。工夫茶茶艺起初是指武夷岩茶（青茶）泡饮法，最后则泛指青茶泡饮法。

1. 初为武夷岩茶泡饮法

作为茶艺名的"工夫茶"，陈香白在其著作《中国茶文化》中认为，工夫茶名最早见于俞蛟在嘉庆六年（1801）四月成书的《梦厂杂著》。[1] 由于泡饮程序多，颇需工夫，故以工夫茶来指称武夷岩茶的泡饮方法。

其实，随园老人袁枚在《随园食单·茶酒单》中便已记载了武夷岩茶的泡饮法及品质特点："余向不喜武夷茶，嫌其浓苦如饮药然。丙午秋，余游武夷，到曼亭峰、天游寺诸处，僧道争以茶献。杯小如胡桃，壶小如香橼，每斟无一两，上口不忍遽咽，先嗅其香，再试其味，徐徐咀嚼而体贴之。果然清芬扑鼻，舌有余甘。一杯之后，再试一二杯，令人释躁平矜，怡情悦性。始觉龙井虽清，而味薄矣；阳羡虽佳，而韵逊矣。颇有玉与水晶，品格不同之故。故武夷享天下之盛名，真乃不忝。且可以瀹至三次，而其味犹未尽。"[2] 袁枚是浙江钱塘人，常喝阳羡、龙井等绿茶，初饮青茶类的武夷岩茶感觉像在喝药，太过浓苦。乾隆丙午（1786），袁枚上武夷山喝过僧道用小壶、小杯泡饮的武夷岩茶，经过嗅香、试味，徐徐咀嚼后感慨道岩茶虽不及龙井清，但胜在醇厚；虽不及阳羡佳，但茶韵足。武夷岩茶具有花香持久、耐冲泡的品质特点。袁枚对品饮武夷茶的方法和体验可谓淋漓尽致。

[1] 《梦厂杂著》云："工夫茶，烹治之法，本诸陆羽《茶经》，而器具更为精致。炉形如截筒，高约一尺二三寸，以细白泥为之。壶出宜兴窑者最佳，圆体扁腹，努咀曲柄，大者可受半升许。杯盘则花瓷居多，内外写山水人物，极工致，类非近代物。然无款识，制自何年，不能考也。炉及壶、盘各一，惟杯之数，则视客之多寡。杯小而盘如满月。此外尚有瓦铛、棕垫、纸扇、竹夹，制皆朴雅。壶、盘与杯，旧而佳者，贵如拱璧，寻常舟中，不易得也。先将泉水贮铛，用细炭煎至初沸，投闽茶于壶内冲之；盖定，复遍浇其上；然后斟而细呷之，气味芳烈，较嚼梅花更为清绝，非拇战轰饮者得领其风味……今舟中所尚者惟武夷。"此段文字，转引自陈香白：《中国茶文化》（修订版），山西人民出版社，2002 年，第 127—128 页。

[2] 袁枚著，别曦注译. 随园食单 [M]. 西安：三秦出版社，2005：274.

陈香白《中国茶文化》引《蝶阶外史》"工夫茶"记："工夫茶，闽中最盛……预用器置茗叶，分两若干立下，壶中注水，覆以盖，置壶铜盘内；第三铫水又熟，从壶顶灌之周四面，则茶香发矣……瓯如黄酒卮，客至每人一瓯，含其涓滴咀嚼而玩味之；若一鼓而牛饮，即以为不知味。肃客出矣。"[1] 此处工夫茶艺中所用茶具，比俞蛟多了涤壶，这说明工夫茶在发展过程中是不断完善的。

清末，工夫茶茶艺中增加了洗茶和覆巾两道程序。泡茶前先用水洗茶，"客至，将啜茶，则取壶，先取凉水漂去茶叶中尘滓，乃撮茶叶置之壶，注满沸水。既加盖，乃取沸水徐淋壶上，俟水将满盘，覆以巾。久之，始去巾，注茶杯中，奉客。客必衔杯玩味，若饮稍急，主人必怒其不韵也"[2]。另据《清朝野史大观·清代述异·卷二十》"功夫茶二则"记载："乃撮茶叶置壶中，注满沸水，既加盖，乃取沸水徐淋壶上。俟水将满盘，乃以巾覆，久之，始去巾。注茶杯中奉客，客必衔杯玩味。若饮稍急，主人必怒其不韵。"[3] 可见覆巾这一程序，更显武夷岩茶泡饮法为极讲究之事，需泡茶者和饮茶者静心细细品味。

2. 泛指青茶泡饮法

工夫茶已渐渐成为品饮武夷茶的民间俗称，工夫茶茶艺用茶已不限于武夷岩茶。

闽南人好饮工夫茶，此见于清朝晋江人陈檗仁的《工夫茶》诗："宜兴时家壶，景德若深杯；配以慢亭茶，奇种倾建溪。瓷鼎烹石泉，手扇不敢休；蟹眼与鱼眼，火候细推求。爝盏暖复洁，一注云花浮；清香扑鼻观，未饮先点头。"[4]

潮州人也酷嗜工夫茶，张心泰的《粤游小识》[5] 记："潮郡尤嗜茶，其茶叶有大焙、小焙、小种、名种、奇种、乌龙诸名色，大抵色香味三者兼备。以鼎臣制宜兴壶，大若胡桃，满贮茶叶，用坚炭煎汤，乍沸泡如蟹眼时，瀹于壶内，乃取若琛所制茶杯，高寸余，约三四器匀斟之。每杯得茶少许，再瀹再斟数杯，茶满而香味出矣。其名

[1] 陈香白. 中国茶文化（修订版）[M]. 太原：山西人民出版社，2002：129.

[2] 徐珂. 清稗类钞·饮食类·邱子明嗜工夫茶 [M]// 陈香白. 中国茶文化（修订版）. 太原：山西人民出版社，2002：134.

[3] 陈香白. 中国茶文化（修订版）[M]. 太原：山西人民出版社，2002：137.

[4] 陈檗仁. 工夫茶 [M]// 翁小筑. 茶甲天下——潮汕工夫茶. 广州：广东教育出版社，2013：143.

[5] 清末光绪二十六年（1900）刊刻.

曰工夫茶，甚有酷嗜破产者。"宜兴小砂壶，若琛小杯，候汤、纳茶、冲注、匀斟，茶的品类较多。

3. 独特的工夫茶

工夫茶的特别之处，见仁见智。

或认为工夫茶特别处在于配备精良的茶具。抱有这种观点的有翁辉东，其在《潮州茶经·工夫茶》中述："工夫茶之特别处，不在于茶之本质，而在于茶具器皿之配备精良，以及闲情逸致之烹制。"[1] 这种说法既有其根据，又有些片面。如工夫茶道中，为使斟茶时各杯均匀，本有道工序为"关公巡城、韩信点兵"，但后来却发明出公道杯简化了这一工序，有无使用公道杯的工夫茶艺各有特色。

也有人看到工夫茶中包含的"精巧技法"。如清朝厦门人王步蟾曾在《工夫茶》诗中感慨道："工夫茶转费工夫，啜茗真疑嗜好殊。犹自沾沾夸器具，若琛杯配孟公壶。"[2] 工夫茶艺中所使用的茶具也确实精致，这从上引袁枚《随园食单·武夷茶》的文字中可知。

工夫茶的独特之处如需刮沫、淋罐、烫杯，即现代工夫茶的"春风拂面""重洗仙颜""若琛出浴"，是现代壶泡法所没有的。高冲、低斟，斟茶要求各杯均匀，又必余沥全尽，现代工夫茶称之为"关公巡城、韩信点兵"，这是工夫法斟茶的独特之处。这是因为，青茶采叶较粗，需烧盅热罐方能发挥青茶的独特品质。

近几年来，不少文章将"工夫茶"与"功夫茶"视为一个词义，两者可以通用。《辞海》及《辞源》关于"工夫"条目的诠释均为"工夫"也作"功夫"，但又云："工夫：指所费精力和时间；功夫：指技巧。""功夫茶"一词最早见于《清朝野史大观·清代述异·卷十二》的"中国讲求烹茶，以闽之汀、漳、泉三府，粤之潮州府功夫茶为最，其器具亦精绝……"在此之前的著作中，见到的都是"工夫茶"。也有许多学者认为，"工夫茶"与"功夫茶"有着不同内涵。不管看法如何，但一般都认为"功夫茶"是指一种茶艺名。考察了"工夫茶"之名的历史演变关系后，觉得相比"功夫茶"，"工夫茶"出现得更早，所代表的含义更为广阔，这也是本书中为什么以"工夫茶"

[1] 翁辉东.潮州茶经·工夫茶 [M]// 陈香白.中国茶文化（修订版）.太原：山西人民出版社，2002：138.

[2] 转引自刘景文.中国茶诗 [M].太原：山西古籍出版社，2004：237.

为名，而不以"功夫茶"为名的主要缘由。

三、武夷工夫茶艺

1. 茶艺简介

名山出名茶，名茶耀名山。素有"奇秀甲东南"之美誉的武夷山，明代以前为道教名山，清代以后又成为佛教圣地，同时还是朱子理学的摇篮。现在武夷山为国家重点风景名胜区，1999 年被联合国教科文组织列入《世界遗产名录》的世界文化与自然双重遗产。武夷山所产的岩茶是乌龙茶中的珍品，工夫茶曾一度是指上等的岩茶。

由于武夷岩茶以讲究内质为主，文化底蕴丰厚，因而品尝武夷岩茶是一种极富诗意雅兴的赏心乐事。自古以来，文人学士非常崇尚这种高层次的精神享受。泡好一壶茶，除了好的茶叶、适宜的环境，还要配上好的茶具和清冽的水质，再用高超的冲泡技巧才能完成，按照这样的要求冲泡武夷岩茶，武夷工夫茶艺便应运而生。

武夷茶人黄贤庚认为品尝武夷岩茶是高层次的精神享受，讲究环境、心境、茶具、水质、冲泡技巧、品尝艺术。

2. 茶具选择

武夷山区品茶茶具有茶盏、白瓷壶杯、紫砂壶杯，等等。泡饮岩茶除了备好茶叶（这时茶叶常放置在茶罐里），还要准备一套茶具。[1]

常见成套茶具包括：

茶盘：一个，一般是木制的。

茶壶与茶盅：茶壶是必要的，至少一个，茶盅可以有一个，也可以不备。袁枚《随园食单·武夷茶》提到"壶出宜兴者最佳，圆体扁腹，努咀曲柄，大者可受半升许"，最好选用宜兴紫砂母子壶一对，其中一个泡茶用，一个当茶盅使。另外，茶壶不宜用大，依许次纾《茶疏》"茶注宜小，不宜甚大。小则香气氤氲，大则易于散漫。大约及半升，是为适可"的看法，茶壶选大小如拳头者为佳。

品茗杯：杯小如核桃。古人以小、浅为宜："杯小如胡桃""杯亦宜小宜浅，

---

[1] 黄贤庚. 武夷茶艺简释 [J]. 福建茶叶，1991（4）：49.

小则一吸而尽，浅则水不留底"。另外，品茗杯宜为白瓷杯，便于观看茶之汤色。杯子数量为若干对，一般由 4 或 6 个组成。以茶会友，别有风味，但一同品茶的人不宜太多，四五人足矣。

托盘：一般看到的是搪瓷托盘，讲究的则用脱胎托盘。

另有茶道组一套，茶巾两条（一条擦拭用，另一条当覆茶巾），开水壶一个，酒精炉一套，香炉一个，茶荷一个，檀香、火柴若干等。

3. 二十七道茶艺表演程序

品饮武夷岩茶需要花工夫，讲究色香味的同时，也要讲求声律韵。武夷岩茶的品饮技巧，古来有之，且不断发展变化。1994 年 11 月，在陕西法门寺的茶文化研究会上，经有关人员导演出二十七道品赏岩茶的程序显露头角。此后，系统完整的武夷岩茶二十七道茶艺在多次接待中外宾客时深得好评，也在国内外茶道茶艺表演中备受赞赏。

武夷茶艺表演程序有二十七道，合三九之道。二十七道茶艺如下：[1]

（1）恭请上座：客在上位，主人或侍茶者沏茶，把壶斟茶待客。

（2）焚香静气：焚点檀香，造就幽静、平和的气氛。

（3）丝竹和鸣：轻播古典民乐，使品茶者进入品茶的精神境界。

（4）叶嘉酬宾：出示武夷岩茶让客人观赏。叶嘉即宋苏东坡用拟人笔法称呼武夷茶之名，意为茶叶嘉美。

（5）活煮山泉：泡茶用山溪泉水为上，用活火煮到初沸为宜。

（6）孟臣沐霖：烫洗茶壶。孟臣是明代紫砂壶制作家，后人把名茶壶喻为孟臣。

（7）乌龙入宫：把乌龙茶放入紫砂壶内。

（8）悬壶高冲：把盛开水的长嘴壶提高冲水，高冲可使茶叶翻动。

（9）春风拂面：用壶盖轻轻刮去表面白泡沫，使茶叶清新洁净。

（10）重洗仙颜：用开水浇淋茶壶，既净壶外表，又提高壶温。"重洗仙颜"为武夷山一石刻。

（11）若琛出浴：烫洗茶杯。若琛为清初人，以善制茶杯而出名，后人把名贵茶杯喻为若琛。

---

[1]　黄贤庚.武夷茶艺 [J].农业考古，1995（4）：60.

（12）玉液回壶：把已泡出的茶水倒出，又转倒入壶，使茶水更为均匀。

（13）关公巡城：依次来回往各杯斟茶水。

（14）韩信点兵：壶中茶水剩下少许时，则往各杯点斟茶水。

（15）三龙护鼎：用拇指、食指扶杯，中指顶杯，此法既稳当又雅观。

（16）鉴赏三色：认真观看茶水在杯里的上中下的三种颜色。

（17）喜闻幽香：嗅闻岩茶的香味。

（18）初品奇茗：观色、闻香后开始品茶味。

（19）再斟兰芷：斟第二道茶，"兰芷"泛指岩茶。宋范仲淹诗有"斗茶香兮薄兰芷"之句。

（20）品啜甘露：细致地品尝岩茶。"甘露"指岩茶。

（21）三斟石乳：斟三道茶。"石乳"，元代岩茶之名。

（22）领略岩韵：慢慢地领悟岩茶的韵味。

（23）敬献茶点：奉上品茶之点心，一般以咸味为佳，其不易掩盖茶味。

（24）自斟漫饮：任客人自斟自饮，尝用茶点，进一步领略情趣。

（25）欣赏歌舞：茶歌舞大多取材于武夷茶民的活动。三五朋友品茶则吟诗唱和。

（26）游龙戏水：选一条索紧直的干茶放入杯中，斟满茶水，恍若乌龙在戏水。

（27）尽杯谢茶：起身喝尽杯中之茶，以谢山人栽制佳茗的恩典。

这套武夷茶道，大体分为造就雅静氛围、冲泡技巧、斟茶手法、品赏艺术四大部分。每道都有深刻内涵，意在将生活与文化融为一体。

武夷茶艺的前三道旨在创造一个和静的环境，从安排客人围坐到焚香静心再到配上音乐，整个流程井井有条，造就雅静氛围；第四道是出示岩茶给客人观看，这一礼节雅称为"叶嘉酬宾"，叶嘉即苏轼在其《叶嘉传》中把武夷茶拟人为叶嘉，即叶子嘉美，包含了古文人对武夷茶的赞美，体现主人对宾客的敬意；第五道"活煮山泉"，讲的是选水、煮水的科学要求；第六道和第十一道，则是根据记载，把杯壶以历史名人代之，并将冲泡比作沐浴；第七道"乌龙入宫"，即把茶叶放入紫砂壶，乌龙指乌龙茶，岩茶为乌龙茶类之珍品，紫砂壶形象为龙宫，龙王入宫是隆重之举；第十道是用开水淋洗茶壶，使之表面洁净又提高壶温，是引用武夷山云窝"重洗仙颜"石刻喻之;第十二道是把已泡出的茶水倒出,又转倒入壶,使茶水更为均匀;第十三、十四道指的是斟茶技法,来回往各杯斟茶,待茶水少许后,则往各杯点斟,使各杯茶水等量、浓淡相当且避免厚此薄彼,凡喝乌龙茶的地方,多引"关公巡城""韩信点兵"典故;第十五道是拿杯方法,小如核桃的茶杯如何稳当、雅观地操持在手中,命以"三龙护鼎",三龙即拇、食、中三指,鼎指茶杯;第十六、十七、十八道,是品赏岩茶的基本常识;第十九、二十、二十一道是借用清代才子袁枚品岩茶得三味的体验,至于"兰芷""甘露""石乳""岩韵"均是古今文人学者对岩茶的雅称;最后五道是给品茶者助兴添趣,使之分享茶乐,尽兴而归。

冲泡技巧:从第四道到第十道,共七道,名茶宜名水,武夷山泉,水清甘冽,泡茶最宜。烧水也宜适度,初沸为好。[1]

品尝岩茶时,也可备些茶点。品赏过程最好不要配以茶点,等到鉴赏过程结束,喝茶的同时可以吃一些咸味的茶点,如瓜子、菜干、咸花生之类,也可用咸味糕饼,咸食不会喧宾夺主而遮掩茶味,以致对品茶有过多的干扰。

4. 十八道茶艺解说与图解

为便于表演,更好地推广武夷岩茶茶艺,业内人士将二十七道武夷茶艺简化为十八道。下面是十八道茶艺的解说词及茶艺流程图解:

(1)焚香静气:焚点檀香,造就幽静、平和气氛。

[1] 黄贤庚. 漫话武夷茶艺 [J]. 福建茶叶, 1998(3): 44.

（2）叶嘉酬宾：出示武夷岩茶让客人观赏。叶嘉即宋苏东坡用拟人笔法代称武夷茶，意为茶叶嘉美。

（3）活煮山泉：泡茶用山溪泉水为上，用活火煮到初沸为宜。

（4）孟臣沐霖：烫洗茶壶。孟臣是明代紫砂壶制作家，后人把名茶壶喻为孟臣。

（5）乌龙入宫：把乌龙茶放入紫砂壶内。

（6）悬壶高冲：把盛开水的长嘴壶提高冲水，高冲可使茶叶松动出味。

（7）春风拂面：用壶盖轻轻刮去表面白泡沫，使茶叶清新洁净。

（8）重洗仙颜：用开水浇淋茶壶，既洗净壶外表，又提高壶温。"重洗仙颜"为武夷山云窝的一方石刻。

（9）若琛出浴：烫洗茶杯。若琛为清初人，以善制茶杯而出名，后人把名贵茶杯喻为若琛。

（10）游山玩水：将茶壶底沿茶盘边缘旋转一圈，以括去壶底之水，防其滴入杯中。

（11）关公巡城：依次来回往各杯斟茶水。关公以忠义闻名而受后人敬重。

（12）韩信点兵：壶中茶水剩少许后，则往各杯点斟茶水。韩信足智多谋，而受世人赞赏。

（13）三龙护鼎：用拇指、食指扶杯，中指顶杯，此法既稳当又雅观。

（14）鉴赏三色：认真观看茶水在杯里上中下的三种颜色。

（15）喜闻幽香：嗅闻岩茶的香味。

（16）初品奇茗：观色、闻香后，开始品茶味。

（17）游龙戏水：选一条索紧直的干茶放入杯中，斟满茶水，仿若乌龙在戏水。

（18）尽杯谢茶：起身喝尽杯中之茶，以谢山人栽制佳茗的恩典。表演到此结束，谢谢大家观赏！

武夷岩茶茶艺还在不断地发展创新中，除了二十七道、十八道，还有十道、十九道、二十二道等岩茶茶艺。即使是十八道，也有不同的泡法。虽然这些茶艺道数不尽相同，但其程序是相似的。不管如何冲泡武夷岩茶，只要在这个过程中，让人感受到宁静、祥和、舒适，泡出一杯滋味醇和的茶水，就是一次成功的武夷工夫茶艺。

四、潮州工夫茶艺

1. 潮州工夫茶艺概说

凤凰山是粤东第一高峰，其雄伟隽丽，土质多属红花土、黄花土和灰黑土，很适宜茶叶种植。凤凰茶和铁观音，以及水仙、色种都是属于"乌龙"类的茶种，半发酵，绿底金边。凤凰茶总被当作上品的茶叶，其品种繁多，黄枝香、蜜兰香、芝兰香、姜母香一应俱全，香型多达上百种，每种香型中又可根据地势和品质等分出若干种。凤凰茶的特点是色浓味郁、耐冲耐泡。

潮州工夫茶以其独特的茶艺及色、香、味俱佳的特色深受广大潮人的欢迎，饮誉海内外。同闽南相似，凡有潮人聚居的地方，不论城乡、男女、老幼，人人都饮工夫茶，几乎家家户户都有一套或几套精美的工夫茶具。

茶是潮人每天不可缺少的饮料，也是他们接待客人的珍贵饮料。凡是饮过工夫茶的人无不赞不绝口，留下美好的回忆。这就是工夫茶的功夫！"烹调味尽东南美，最是工夫茶与汤。"这是女诗人冼玉清对潮州工夫茶的赞美。[1]

潮州工夫茶艺美学思想基础是"天人合一"，潮州工夫茶道正是大自然人化的载体。潮州工夫茶的特色是：注重茶叶的品质，讲究茶具的精美，重视水质的优良，以及拥有精湛的冲泡技艺。

2. 茶具

潮人所用茶具注重造型美，大体相同，唯精粗有别。工夫茶的茶具，往往是一式多件，一套茶具常备有茶壶、茶盘、茶杯、茶垫、茶罐、水瓶、龙缸、水钵、火炉、砂锅、茶担、羽扇等，一般以 12 件为常见。茶具讲究名产地、名厂名家出品，精细、小巧。茶具质量上乘，俨然就是一套工艺品，这充分体现出潮州茶文化中的高品位的价值取向。工夫茶的茶壶，多用江苏宜兴所产的朱砂壶，茶壶宜小，小则香气氤氲，大则易于散烫，如果独自斟酌，愈小愈佳；茶杯也宜小宜浅，大小如半只乒乓球。色白如玉的，称为白玉令，也有用紫砂、珠泥制成的。杯小则可一啜而尽，浅则可水不留底。[2]

3. 潮州工夫茶艺演示

同武夷工夫茶艺、闽南工夫茶艺一样，潮州工夫茶艺程序道数不一。根据史料对潮州工夫茶艺的记载和多位专家学者的研究，以及潮州现在广为流传的谚语，遵

---

[1] 陈森和. 潮州工夫茶 [J]. 农业考古，2004（2）：149-153.

[2] 陈香白. 潮州工夫茶源流论 [J]. 农业考古，1997（2）：91-99.

循"顺其自然，贴近生活，简洁节俭"的原则，对潮州工夫茶事进行归纳、提炼，可总结出直观的、既带有概括性又兼有可操作性的工夫茶艺二十式。下面，简要介绍潮州工夫茶艺二十式：

（1）茶具讲示：潮汕工夫茶是潮汕地区独特的饮茶习惯。工夫茶对茶具、茶叶、水质、沏茶、斟茶、饮茶都十分讲究。潮州工夫茶艺表演茶具有：茶壶，即孟臣罐（宜兴紫砂壶），能容水3—4杯；若琛瓯，即茶杯；玉书碨，即水壶；潮汕烘炉，即红泥火炉；另外，还备有赏茶盘、茶船等。

（2）茶师净手：古人认为茶事应心诚庄重，清洁净手无疑等于净心。

（3）泥炉生火：红泥火炉，高六七寸。一经点燃，室中隐隐可闻炭香。

（4）砂铫掏水：砂铫，俗名茶锅仔，是枫溪名手所制，轻巧美观。也有用铜或轻铁铸成之铫，然生金属气味，不宜用。

（5）坚炭煮水：用铜筷钳炭挑火。

（6）洁器候汤：温壶，用沸水浇壶身，其目的在于为壶体加温。汤分三沸：一沸太稚，三沸太老，二沸最宜。若水面浮珠，声若松涛，是为第二沸，正好之候也。

（7）罐推孟臣：起火后十几分钟，砂铫中就有飕飕响声，当它的声音突然变小时，那就是鱼眼水将成了，应立即将砂铫提起，淋罐。

（8）杯取若琛：淋罐已毕，仍必淋杯，俗谓之"烧盅"。淋杯之汤，宜直注杯心。烧盅（盅即茶杯的俗称）热罐，方能起香，这是不容忽略的"工夫"。淋杯后洗杯，倾去洗杯水。

（9）壶纳乌龙：一面打开锡罐，倾茶于素纸上，分别粗细，取其最粗者填于罐底滴口处，次用细末，填中层，另以稍粗之叶撒于上面。如此之工夫，谓之"纳茶"。纳茶不可太饱满，七八成足矣。神明变化，此为初步。

（10）甘泉洗茶：首次注入沸水后，立即倾出壶中茶汤，除去茶汤中的杂质，这个步骤叫"洗茶"。倾出的茶汤，废弃不喝。

（11）高冲低洒：高冲使开水有力地冲击茶叶，使茶的香味更快地挥发，单宁来不及溶解，所以茶叶才不会有涩滞。

（12）壶盖刮沫：冲水必使满而忌溢；满时，茶沫浮白，凸出壶面，提壶盖从壶口平刮之，沫即散坠，然后盖定。

（13）淋盖去沫：壶盖盖定后，复以热汤遍淋壶上，俗谓"热罐"。一以去其散坠余沫；二则壶外追热，香味充盈于壶中。

（14）低洒茶汤：茶叶纳入壶中后，淋罐、烫杯、倾水，几番经过，正洒茶适当时候。因为洒茶不宜速，亦不宜迟。速则浸未透，香味不出；迟则香味进出，茶色太浓，致茶味苦涩，前功尽废。

（15）关公巡城：洒必各杯轮匀，称"关公巡城"。

（16）韩信点兵：洒必余沥全尽，称"韩信点兵"。

（17）香溢四座：洒茶既毕，趁热人各一杯。

（18）先闻茶香：举杯，杯面迎鼻，香味齐到。

（19）和气细啜：细细品饮。

（20）三嗅杯底，锐气圆融：味云腴，食秀美，芳香溢齿颊，甘泽润喉吻。神明凌霄汉，思想驰古今。境界至此，已得工夫茶三昧。

上述每道茶艺都十分讲究，也非常卫生，符合科学道理，值得提倡。择要言之，茶叶、柴炭、山水，均属自然物；"煮茶"中的烧水、煮茶工序，"酌茶"中讲究入微的法则，均从物质生存需要的满足方面来体现人与自然的统一。由此可见，基于天人合一的观念，中国茶道美学总是要从人与自然的统一之中去寻找美，中国茶道美学思想的基础就是人道。[1] 另外，文化一旦以传统的形式积淀下来，便包含有超时空的普遍合理性因素，同时也存在着因时、因地转移的不确定性。因此，不应把文化因素视为已经定型的范式，而是应该创造性地去理解它。因而上述所谓二十式，其中仍具灵活性。唯其如此，反倒能使之摆动幅度小而稳定性强。只有以这样的一种姿态去对待传统，传统才会成为创造新文化的奠基石，这就是"顺其自然"的良性效应。

[1] 陈香白.中国茶文化（修订本）[M].太原：山西人民出版社：2002：48.

第三章 湖北名茶简介

　　茶树，是自然界长期发展的产物。湖北地处长江中上游，西起东经108° 21′ 42″，东至东经116° 07′ 50″，南起北纬29° 01′ 53″，北至北纬33° 06′ 47″。东邻安徽，南界江西、湖南，西连重庆，西北与陕西接壤，北与河南毗邻。境内崇山峻岭，沟壑纵横，地形复杂，垂直高差显著，形成了多种多样的生物小气候。年平均温度15—17℃，年平均降水量800—1600毫米。土壤有黄棕壤、山地棕色森林土、黄壤等，以砂质壤土居多，一般呈微酸性反应。这些优越的生态环境，为茶树提供了良好的生存条件。从茶树的水平分布看，神农架、荆山、齐岳山、幕阜山、大别山等，在海拔1200米以下的山谷两侧坡面，都有天然茶树的分布。

　　湖北是我国茶树原产地之一。

第一节 湖北名茶扫描

湖北优越的宜茶环境，催生了许多传统历史名茶和当代创新名茶。

一、南北朝时期

"西阳、武昌、庐江、晋陵好茗……又巴东别有真茗茶。"[1] 当时的西阳、武昌皆郡名，大体包括今黄冈、麻城、红安、罗田、英山、蕲春、浠水和今江夏、鄂州、咸宁、蒲圻、阳新、大冶、通山等。这说明鄂东、鄂南一带俱产好茶。

二、唐宋时期

唐宋时期，湖北是我国主要产茶地区之一。

有唐一代，山南茶，"以峡州上，峡州生远安、宜都、宜陵三县山谷。襄州、荆州次，襄州生南漳县山谷，荆州生江陵县山谷……蕲州生黄梅县山谷，黄州生麻城县山谷，并与金（荆）州、梁州同也"[2]。"峡州有碧涧、明月、芳蕊、茱萸簝……江陵有南木，蕲州有蕲门团黄。"[3] 西蕃赞普所珍藏的六种地方名茶就有"蕲门者"一种，说明当时的蕲门团黄制作精良，堪为上品。王观国《学林新编》称蕲门团黄"有一旗一枪之号"[4]，为茶之极品。李白的《仙人掌茶诗并序》对仙人掌茶的缘起、生态、采造、功能等进行了详细的记录，至今为人们所传诵。

五代之世，鄂南阳新、大冶、通山等地产茶。襄阳、随州、江陵、钟祥、天门等地亦已产茶。蕲州蕲春郡土贡茶，黄州齐安郡贡松萝茶，归州土贡白茶。衍入宋代，江南西道：鄂州土产茶，兴国军土产茶。淮南道：蕲州土产茶，出蕲春、蕲水二县北山，蕲水县，茶山在县北深川；每年采造贡茶之所，黄州麻城县山原出茶，安州土产茶，荆州土产茶，松滋县出碧涧茶。峡州土产茶，归州土产白茶。唐代茶有二类：片茶和散茶。片茶有进宝、双宝、宝山……出兴国军，大拓枕出江陵。散茶，龙溪、雨前、雨后出荆湖，清口出归州。房县土产茶，襄阳亦产茶，京山县多宝寺产茶，阳新县

[1] 陆羽. 茶经·七之事 [M]. 北京：团结出版社，2014.

[2] 陆羽. 茶经·八之出 [M]. 南宋咸淳九年刊百川学海壬集.

[3] 李肇. 唐国史补·卷下 [M]. 明汲古阁刊影宋本.

[4] 杨承禧纂修. 湖北通志·卷二十二·物产·蕲门团黄 [M]// 吴觉农. 中国地方志茶叶历史资料选辑. 北京：农业出版社，1990：376.

桃花山造茶"桃花绝品",其味清香。时,罗田县产茶极盛。《元丰九域志》有云:"江陵府江陵郡,土贡碧涧茶芽六百斤。"《宋史·食货志》亦言:"江陵府贡碧涧茶芽。"[1]

三、元明清时期

元代,兴国军所属的通山、大冶、阳新等地俱产茶。明季,湖北产茶之所以武昌为首,惟兴国最著。崇阳县西南龙泉山产茶,味甘美,号龙泉茶;兴国(今阳新)大坡山产茶,号坡山凤髓;武当山中官陈善于弘治二年(1489)复贡明王朝宗室骞林叶茶,供享用;阳新县,桃花山出茶桃花绝品;嘉鱼南阳山产茶;江夏县九峰寺产茶;利川县雾洞坡产雾洞茶。[2]

清时,各地植茶已相当普遍。清末,蒲圻羊楼洞所产的茶品有:物华、松华、精华、月华、春华、天华、天孽、花香、夺魁、赛春、一品、谷芽、谷蕊、仙掌、如栀、永芳、宝蕙、二五、龙须、凤尾、奇峰、乌龙、华宝、惠兰等二十四种之多;崇阳县城西四十里鲁溪崖产茶,县西七十里龙窖山产龙渊茶;武昌县南一百四十里黄龙山产云雾茶极佳;大冶县之茶出天台、汪家崖、吴家岭诸山;江夏县东南六十里灵泉山产云雾茶;通山县城南九十里三界山旧产云雾茶入贡;嘉鱼县之阴山产茶;咸宁县,乡间况事红茶;五峰县邑属水浈、石梁、白溢等处产茶,清明节采者为雨前细茶,谷雨节采者为谷雨细茶,并有白毛尖,萌勾亦曰茸勾等名;王峰诸山产茶,统名峒茶;远安县,茶以鹿苑为绝品;利川县南一百三十里乌通山产乌通茶,忠路雾洞坡产雾洞茶;鹤峰县神仙园、陶溪二处茶为上品,容美贡茶闻名朝野,自丙子年(1876),广商来州采办红茶并于本城五里坪设茶庄,载至汉口兑易洋人,称为高品;建始县邑民多种茶;黄梅县西北紫云山,有僧人植茶,号紫云茶;蕲水县,斗方山及人家诸畏圃皆出茶。《大清一统志》云:"武昌府、宜昌府、施南府皆土贡茶。襄阳府土贡骞林叶茶。"[3]

斗转星移,时光荏苒。2009年9月,湖北省政府发布《湖北省人民政府关于加

---

[1] 杨承禧纂修.湖北通志[Z]// 吴觉农.中国地方志茶叶历史资料选辑[M].北京:农业出版社,1990:372-382.

[2] 吴觉农.中国地方志茶叶历史资料选辑[M].北京:农业出版社,1990:372-379.

[3] 吴觉农.中国地方志茶叶历史资料选辑[M].北京:农业出版社,1990:372-379.

快茶叶产业发展的意见》（鄂政发〔2009〕43号）[1]，提出要"重点建设鄂西武陵山富硒绿茶和宜昌三峡名优绿茶及宜红茶区、鄂东大别山优质绿茶区、鄂南幕阜山名优早茶及边销茶区、鄂西北秦巴山高香绿茶区等'四大优势茶区'"，加快推进湖北茶产业的发展，做大做强湖北的茶产业。经过近十年的努力，湖北持续开展鄂西南武陵山、鄂西北秦巴山、鄂中大洪山、鄂东大别山、鄂南幕阜山"五大茶山"的茶叶板块基地建设，茶园面积和产量约占全省的90%。湖北已经成为名副其实的茶叶生产大省，正在向茶业强省冲刺。截至2016年，湖北已有20多个茶叶产品获得"中国驰名商标"称号，30多个产品获得"国家地理标志产品"称号，1个产品获称"中华老字号"。2016年，湖北茶叶出口货值居全国第4位、出口量居全国第6位。2017年，"武当道茶""恩施玉露"被农业部评为"中国优秀区域公共品牌"。尤其是自1999年以来，湖北省农业管理部门不间断地举办了多届"湖北十大名茶"评选活动，涌现出来不少区域性或全国性名茶。具体见表3-1所示。

表3-1　1999—2009年"湖北十大名茶"一览表[2]

时间	届别	"湖北十大名茶名称"
1999	第一届	采花毛尖、松针茶、峡州碧峰、邓村绿茶、水镜茗芽、龙峰茶、松峰茶、恩施富硒茶、英山云雾茶、归真茶
2002	第二届	采花毛尖、龙峰茶、保康绿针、大悟寿眉、绿林翠峰、英山云雾茶、温泉毫峰、恩施富硒茶、邓村绿茶、水镜茗芽
2006	第三届	龙峰茶、采花毛尖、英山云雾茶、恩施富硒茶、翠泉牌鹤峰茶、荆山锦牌有机茶、大悟寿眉、圣水毛尖、萧氏绿茶、水镜茗芽
2009	第四届	龙峰茶、萧氏茗茶、鹤峰翠泉茶、圣水毛尖、伍家台贡茶、邓村绿茶、大悟绿茶、保康真香茶、玉皇剑茶、英山云雾茶

现我们以中国茶区划分为坐标，参照湖北茶区板块建设情况，分别以武陵山茶区、秦巴山茶区、桐柏山大别山茶区和鄂南低山丘陵茶区四大区域板块来介绍湖北名茶。

---

[1]　湖北省人民政府.湖北省人民政府关于加快茶叶产业发展的意见 [N].湖北省人民政府公报，2009（19）.

[2]　本书著者根据湖北省农业部门及茶产业相关部门的茶事大赛活动报道整理。

第二节　武陵山茶区的湖北名茶

　　武陵山茶区湖北区域，位于湘、鄂、渝两省一市交界处。湖北省恩施土家族苗族自治州（简称恩施州）和邻近恩施州的宜昌市辖五峰土家族苗族自治县，就位于武陵山茶区。该区主要产茶县、市，涵盖了恩施州所辖的恩施市、建始县、巴东县、宣恩县、咸丰县、利川市、来凤县、鹤峰县和宜昌市所辖的五峰县、长阳县、秭归县。

　　这里生态环境优越。地处亚热带，年平均气温多数地方大于 15℃，年平均降雨量 1000 毫米左右，空气湿度相对较大；土壤类型丰富，即便是丘陵中下部的土壤，其 pH 值也在 4.5—5.5，具备适合茶树生长的酸性要求。在本区域内，湖北省主要优良品系或品种有 2 个：一是属灌木型大叶中生的有性繁殖品系或品种恩施大叶，适制红茶和绿茶，尤其是绿茶，香高味爽，品质优良；二是属灌木型大叶早生的有性密植品系或品种鹤峰苔子茶，树姿直立，适制绿茶。[1] 名茶品目包括 3 个历史名茶、6 个当代名茶（见表 3-2）。

表 3-2　武陵山茶区湖北名茶 [2]

名称	属性	茶类	创制时间	主要产地
恩施玉露	历史名茶	蒸绿	清初	恩施市五峰山一带
水仙茸勾	历史名茶	绿茶	清代	五峰县水尽司、渔洋关一带
宣恩贡茶	历史名茶	绿茶	乾隆年间	宣恩县伍家台一带
五峰春眉	当代名茶	绿茶	1984 年	五峰县渔洋关一带

---

　　[1]　王广智 . 中国茶类与区域名茶 [M]. 北京：中国农业科学技术出版社，2003：49-50.

　　[2]　本书著者根据陈宗懋主编的《中国茶经》和王广智的《中国茶类与区域名茶》等文献资料整理。

续表

名称	属性	茶类	创制时间	主要产地
采花毛尖	当代名茶	绿茶	1989 年	五峰土家族自治县
容美茶	当代名茶	绿茶	1979 年	恩施州鹤峰县
雾洞绿峰	当代名茶	绿茶	1987 年	利川市雾洞一带
水仙春毫	当代名茶	绿茶	20 世纪 90 年代	五峰县水尽司、白溢寨一带
天麻剑毫	当代名茶	绿茶	20 世纪 90 年代	五峰县采花乡

下面，我们撷其要者，介绍恩施玉露、水仙茸勾、宣恩贡茶、采花毛尖、容美茶、雾洞绿峰 6 种名茶。

一、恩施玉露

恩施玉露（图 3-1），是产于湖北恩施市南部的芭蕉乡及东郊五峰山一带的针形蒸青绿茶。它以悠久的历史、独特的工艺和优美的文化掌故，与恩施大峡谷、恩施女儿会一起，成为土家儿女聚居的恩施市的三张亮丽的城市名片。

图 3-1　恩施玉露

恩施市位于湖北省西南部，地处武陵山区腹地，境内多属低山或高山地区，土壤肥沃，植被丰富，四季分明，冬无严寒，夏无酷暑，年平均气温 16.4℃，年无霜期 282 天，年降雨量 1525 毫米左右，相对湿度 82%，终年云雾缭绕，是出产名优茶的理想之地。当地还有地方特色群体品种"恩苔早"作为恩施玉露的原料。极佳的气候环境、独特的茶树品种是恩施玉露品质的重要保证。

恩施玉露，是我国保留下来的为数不多的一种蒸青绿茶，是国家地理标志产品、国家地理标志商标。20世纪60年代，恩施玉露被列为"中国十大名茶"之一，是湖北省历史名茶。1999年以来，恩施富硒茶多次被评为"湖北省十大名茶"之一。它创制于清康熙年间，当时被称为"玉绿"，因其汤色绿亮、晶莹剔透而得名；民国时期改为"玉露"。其工艺始于唐，盛于明清，曾与"西湖龙井""黄山毛峰"并列为清代名茶。

关于恩施玉露还有一个动人的文化掌故：清朝康熙年间，恩施芭蕉黄连溪有一位蓝姓茶商的茶叶店生意不好，濒临倒闭。他的两个女儿蓝玉和蓝露见家中茶叶堆积，父亲愁眉不展，就商量着两人上山采茶，准备选用细嫩、匀齐、色绿、状如松针的一芽一叶或一芽二叶鲜叶制出好茶来替父解忧。半个月，才采得两斤精品嫩芽。回到家中，蓝玉和蓝露垒灶研制，先将茶叶蒸青，再用扇子扇凉，然后烘干，之后，蓝玉负责揉捻，蓝露负责第二次烘干，烘焙至用手能成末、梗能折断。最后拣去碎片、黄片、粗条、老梗及杂物，再用牛皮纸包好，置块状石灰缸封藏。经过这些烦琐的工序，姐妹俩花了八天八夜制成了上好的茶叶。父亲品尝之后赞不绝口："好，好啊！"随后，即以女儿们的名字命名为"恩施玉露"。恩施玉露从此销路好，口碑好，一传十十传百，名扬天下。

恩施玉露以其首创的蒸青工艺和"搂、搓、端、扎"四大造型手法及形似松针的外形特点著称于世。高级玉露，采用一芽一叶、大小均匀、节短叶密、芽长叶小、色泽浓绿的鲜叶为原料。加工工艺分为蒸青、扇凉、炒头毛火、揉捻、炒二毛火、整形上光、烘焙、拣选等工序。"整形上光"是制成玉露茶光滑油润、挺直细紧，汤色清澈明亮、香高味醇的重要工序。此工序又分两个阶段。第一阶段为悬手搓条，把0.8—1.0千克的炒二毛火叶，放在50—80℃的焙炉上，用两手心相对，拇指朝上，四指微曲，捧起茶条，右手向前，左手往后朝一个方向搓揉，并不断抛散茶团，使茶条成为细长圆形，约七成干时，转入第二阶段。此阶段"搂、搓、端、扎"四种手法交替使用，继续整形上光，直到干燥适度为止。整个整形上光过程，需70—80分钟。所制的茶叶，外形条索紧圆光滑，纤细挺直如针，色泽苍翠绿润，被日本商人誉为"松针"。

恩施玉露的品级分特级及一至五级。成茶条索紧圆、光滑、纤细、挺直如松针，苍翠绿润如新鲜绿豆。冲泡后汤色嫩绿明亮，滋味清香醇爽，叶底嫩绿匀整。茶绿、汤绿、叶底绿为其显著特点。

恩施州是我国极少数的硒元素高富集区之一，有"世界硒都"之称。硒元素已被世界卫生组织（WHO）和中华医学会定为重要的微量营养保健元素。缺硒是导致大骨节病、克山病等地方病发生的主因，还与癌症、心脏病、老年性疾病等40多种疾病有关。据中国农业科学院茶叶研究所分析，恩施玉露含硒，干茶含硒3.47毫克/千克，茶汤含硒0.01—0.52毫克/千克，符合富硒茶0.003‰—0.005‰的人类消费要求。除了硒之外，恩施玉露内还含有丰富的叶绿素、蛋白质、氨基酸和芳香物质，是一种优质的保健茶饮料。根据氨基酸平衡的理论，蛋白质中所含必需氨基酸组成比例越接近人体所需氨基酸的比例，则其质量越好。研究结果表明，绿茶"恩施玉露"中氨基酸总含量（TAA）为23.12%，其中必需氨基酸（EAA）占38.54%，各种人体必需氨基酸种类齐全，以赖氨酸（Lys）和亮氨酸（Leu）的含量最高，且比例均衡，与WTO和联合国粮食及农业组织（FAO）提出的推荐值较为接近，具有较高的营养价值。[1]

常饮此茶能起到抗氧化、提高免疫性、降血压、预防冠心病、杀菌抗病毒、降血糖、预防糖尿病、抗癌抗突变等作用。

冲泡恩施玉露，以85—90℃水温为宜。以此方法泡出的玉露茶，芽叶复展如生，初时亭亭地悬浮杯中，继而沉降杯底，汤色绿亮如露，香气清爽，滋味醇和。观其形，赏心悦目；饮其汤，沁人心脾。

二、水仙茸勾

水仙茸勾（图3-2），是产于湖北五峰土家族自治县水尽司、渔洋关一带的条形烘青绿茶。该名茶据传始于清代，20世纪80年代初期研制恢复成功。

关于水仙茸勾茶的茶名，在五峰水尽司一带流传着

图3-2　水仙茸勾

[1] 罗兴武.绿茶"恩施玉露"中氨基酸成分分析及营养价值评价[J].湖北农业科学,2012（11）:2328-2330.

这样一个故事：两百多年前，该地有一位土司，久病不愈，百医无效，医生束手无策。一天，来了一位姑娘献上当地的一种茶叶。土司喝了这位姑娘进贡的茶叶，顿觉神清气爽，病很快就好了。土司为了感谢这位姑娘，就将当地所产的茶，取名为"仙女茶"。据考证，历史上这里曾经出产"茸勾茶"。后人又将产茶的地名"水尽司"与"仙女"联系起来，各取其首字"水"与"仙"而成为"水仙"，冠在"茸勾茶"之上，即称"水仙茸勾茶"。1980 年有关部门研制成功的名茶也就称为"水仙茸勾茶"。

湖北西南部的五峰县，东邻宜都市和松滋市，南抵湖南石门县，西与鹤峰县、巴东县接壤，北与长阳县毗连。这里无山不绿、无水不清，茶树多生长在海拔 500—1200 米的肥沃山坡上，形成了"无坡不茶"的奇观。

水仙茸勾茶的制作，采摘一芽一/二叶，经杀青、搓条、做形、提毫、烘干工序制成。成茶条索紧秀，弯曲如勾，色泽翠绿，满披银毫；冲泡后，汤色清澈明亮，嫩香高长，滋味鲜爽回甘，叶底嫩绿匀亮。

水仙茸勾先后多次荣获湖北省和商业部名茶科技成果奖和优质名茶奖。产品主销宜昌、武汉、上海、南京、北京等地。

三、宣恩贡茶

宣恩贡茶（图 3-3）产于宣恩县伍家台村，又称"伍家台贡茶"。因其"色绿、香郁、味佳、形美"四绝，而获乾隆皇帝赐匾"皇恩宠赐"，是武陵山茶区的湖北历史名茶。如今，伍家台系列茶产品已经成为省内外茶叶精品，茶业产业已经成为宣恩县的支柱产业。

地处宣恩县城东北 16 千米处的一脉紫色山上的伍家台贡茶产地，总面积约 5000 亩，海拔 700—800 米，具有茶叶生长喜温、好湿、耐阴的独特生态环境。据中国农科院茶叶研究所测定，贡茶中含有丰富的硒元素，其含硒量为 0.000305‰，有防止癌症、贫血、冠心病等 40 多种疾病之功效，实为上乘的健身饮品。日本企业家管村先生赞誉，贡茶具有味甘、色绿、清香的特点。一杯伍家台贡茶可使满屋清香，饮后读书、歌唱尤宜。

据史料记载，清乾隆四十九年（1784），山东举人刘澍调任宣恩知县，听闻当地伍昌臣所制茶叶独具特色，上任后便去伍家台品茶。后，向施南知府迁毓送茶礼。知府是乾隆的亲信，熟知乾隆爷好茶，便将这一发现启奏乾隆皇帝。伍家台茶"碧翠争毫，献宫廷御案，赞口不绝而得宠"，乾隆皇帝赐匾"皇恩宠赐"。因此，伍家台茶得名"贡茶"。伍家台茶成为贡品后，驰名神州。茶师伍昌臣家族，也就成了当地的名门望族。

伍家台贡茶之所以闻名，与它的制作工艺是分不开的。

图3-3　宜恩贡茶

（1）鲜叶摊放：鲜叶进厂验级后，薄摊于干净的篾垫上，厚度不超过5厘米，摊放时间为5—8小时，每2—3小时轻翻一次，至芽含水量达70%—75%。

（2）杀青：手工或机械杀青。手工杀青，用斜锅或电炒锅，投叶时锅温在160—170℃，每锅投叶量200—250克。鲜叶下锅后，抛炒至热气上升时，抖闷结合，多抖少闷。当叶质含水量达50%—60%时起锅，及时将杀青叶抖散冷却；机械杀青，采用滚筒连续杀青机，杀青温度120—140℃，时间35—90秒，杀青后叶含水量控制在58%—60%，投叶先多后少，以免开始投叶时温度过高烫焦叶芽。杀青出机后，摊凉至室温，簸去焦片、黄片，回潮时间30分钟。

（3）揉捻：可用手工或机器揉捻。手揉，双手握叶成团，顺时针方向旋转团揉，先轻后重，揉至叶卷成条；机械揉捻，揉捻机揉捻，加压方式为空压5—10分钟，重压10—15分钟，最后松压，中途轻重交替进行，揉捻时间为15—35分钟，至芽卷紧成条，成条率应在90%以上。

（4）初干：揉捻叶在烘干机上初干，至初干叶含水量45%—55%，摊凉回潮。

（5）做形：手工或机器整形。手工整形，温度90—170℃，时间15—30分钟；

机械做形，温度 120—150℃，每槽投叶量适宜，做形时间 20 分钟。做形后期，将做形叶在整形台上加工整形，或结束后利用理条搓条的手法进一步理直茶叶，固定形状，确保做形叶含水量约 15%。然后，迅速用方筛除去茶末。

（6）干燥：干燥温度 80—100℃，至茶叶含水量 6%—7%。出机后摊凉，回潮至茶叶中水分分布均匀。

（7）增香：温度 100—110℃，时间 10—20 分钟；或温度 100—120℃，时间 5—15 分钟。

从茶园采摘制作的新茶，头汤汤清色绿，甘醇初露；二汤浑绿透黄，熟栗郁香；三汤汤碧泛青，芳香横溢。干茶密封在坛里，色、香、味、形不变，仿若新茶，有"甲子翠绿留乙丑，贡茶一杯香满堂"之说。在宣恩境内外驰名，官吏豪绅争相求购。

饮用伍家台贡茶，有很多保健功能：振奋精神，增强思维和记忆力；消除疲劳，促进新陈代谢，维持心血管、胃肠等功能；补充人体所需多种微量元素；抑制肿瘤、细胞衰老，延年益寿；防动脉硬化、高血压和脑血栓；美容减肥，保养肌肤；防治口腔炎、咽喉炎、肠炎、痢疾等。

四、采花毛尖

采花毛尖（图 3-4）产自"中国名茶之乡"湖北五峰县。五峰县旧称长乐县，产茶历史悠久。采花毛尖茶系 1989 年根据《长乐县志》史料记载，采用传统工艺与现代技术相结合而研制成功的。产品具有外形秀直显毫、色泽翠绿油润、香气高而持久、滋味鲜爽回甘、汤色清亮、叶底嫩明等特点，深受消费者好评。1991 年，采花毛尖获湖北省"十二佳"名茶优质奖和三峡地区首届名优茶"三峡杯"奖，1999年、2003 年、2006 年，三次入选"湖北省十大名茶"。

图 3-4　采花毛尖

采花品质，出自天然。采花毛尖产地湖北五峰，平均海拔 800 米以上，山峰逶迤，峰峦叠翠，郁郁葱葱，渔洋河潺潺，天池河哗哗，春夏润雨和风，秋冬冰雪覆盖，境内生态天然无污染，是我国最适合茶树生长的地区之一。出产的茶叶品质优异，汤色清碧、滋味绵长、口感舒适，富含硒、锌有益元素，具有提神醒目、强身健体之功效，历来就是宫廷贡茶。

采花毛尖对原材料的要求极其严格：每根茶枝仅有顶部的两片嫩芽入选，整株茶树只能采摘数十片，产量极低但品质极高，受到消费者喜爱，多年始终供不应求。200 年前，英国商人远涉重洋进采花台，入撒花溪，置厂设铺，经营采花富硒茶，其金字招牌"英商宝顺合茶庄"至今仍保存在采花毛尖集团。采花毛尖极品选用单芽为原料，一级以一芽一叶或一芽二叶初展的芽叶为原料；鲜叶采回后，及时摊放在清洁无异味的竹席上，经 2—3 小时后再制作。制作工序分为六道：①杀青：使用五峰茶机厂生产的八方复干机（转速 27 转 / 分），温度 210—230℃，投叶量 2—3 千克，经 2—3 分钟后，温度降至 100℃再继续杀青 3—4 分钟，至茶叶含水量达 60%—65% 时下机摊凉；②揉捻：使用 35 型揉捻机，以轻揉为主，中间适当加压，时间 15—25 分钟；③打毛火：使用八方复干机，温度 160—180℃，投叶量 6—8 千克，揉捻叶，滚炒 15—20 分钟，待茶叶含水量降到 25% 左右时，下机摊凉；④整形：整形是采花毛尖的主要工序，使用五峰茶机厂生产的 100cm×200cm 的铝板蒸汽平台灶，以手工进行，铝板温度 80—90℃，投叶量一般为 0.3—0.4 千克，手法是理条、抽条、搓条和撒条等交替进行，至茶叶含水量降到 10% 时，下叶摊凉；⑤足干：使用当地俗称的"帽帽炕"烘茶，以木炭为燃料，炕上先铺一层细纱布，再铺茶烘焙，温度 70—80℃，每隔 2—3 分钟轻翻一次，历经 15 分钟左右，烘至茶叶含水量在 5% 时下炕，经摊凉后用防潮袋装好，入库保管；⑥拣剔与包装：在毛尖茶出售之前，进行简易精制，即拣去粗大茶、黄片、杂物，筛去碎片，然后用专用小塑料袋封口包装，再装入专用的大塑料袋贮藏待售。

在采花毛尖中有一项级珍品——雨禾露。采花乡有一棵年岁悠久的"茶树王"，周围聚着八棵小茶树，至今仍枝繁叶茂，古意盎然。据土家族史诗《梯玛神歌》记载：很久以前，在古峡州山南的云雾茶山中，住着一位勤劳美丽的姑娘苡禾。一年清明节，年满 18 岁的苡禾姑娘顶着晨雾上山劳作，口渴时尝了一把茶芽，不料回到家里就怀孕了。苡禾怀胎三年六个月后，生下了八个小孩。因孩子太多无法抚养，苡禾只好含泪将八个小孩抱到山里听凭命运造化。谁知这八个小孩天命富贵，饮甘露而生长，且有一只白虎每天来喂奶将他们养大成人。他们在这一带繁衍生息，成为土家族的祖先。后人为了纪念苁禾，每年都要评出一位当年清明节年满 18 岁的土家族"小幺姑"。小幺姑身着盛装，由小伙用花轿抬上茶山，举行祭祖仪式。然后小幺姑爬上木梯，在"茶树王"上摘下茶芽给老茶人精心制作。有一天，土司身患重病，百医不治，老茶人的孙女献上精心制作的珍茗，土司闻到茶香，精神为之一振，饮茶后三天身体痊愈。土司感叹于这种茶的神奇功效，下令将这种茶奉为贡品。皇上品茶后龙颜大悦，听了苁禾的故事，为此茶赐名"雨禾露"。如今，清明节成了"采花毛尖"的采茶节，祭祖仪式更加隆重。

采花毛尖有助于增强人体免疫力，含有维持人体生理系统正常运行的微量元素。茶叶中所含的茶多酚，能提高人体内酶的活性，可清新口气。

五、容美茶

容美茶为新创名茶，创制于 1979 年，属绿茶类，产于鄂西南鹤峰县。鹤峰古称容美，容美茶因此得名。

（一）自然环境

鹤峰县位于湖北省西南部，地处北纬 29°38′—30°14′，东经 109°45′—110°38′的武陵山区，东与湖北省五峰县接壤，南与湖南省石门县、桑植县相连，西与湖北省来凤县、恩施市、建始县毗邻，北与巴东县相依，溇水河贯穿鹤峰全境，蜿蜒于大山深谷之中。

鹤峰县地处亚热带，属大陆性季风气候。雨热同季，湿润多雾，海拔高度差异大，立体气候明显。境内最低海拔 194.6 米，最高 2095.6 米，高差达 1901 米。全年日照时数，低山为 1516 小时，二高山为 1342 小时，高山为 1253 小时。年平均气温，低山为 15.5℃，二高山为 12.2℃，高山为 9.8℃。年平均降水量在 1700 毫米，无霜期 220—260 天。

鹤峰县山高坡陡，森林茂盛。土壤多为红黄壤，含有机质丰富，pH 值为 4.5—6.5，适于茶树等多种经济作物生长。鹤峰县土壤富含硒元素，天然富硒茶资源十分丰富。据浙江农业大学分析，鹤峰茶叶平均含硒量为 0.23 毫克 / 千克，高硒区为 1.16 毫克 /

千克。经初步测算，全县富硒茶年产量为 3000 吨，是我国最大的商品富硒茶基地。[1]

（二）茶树品种

鹤峰县栽培的茶树品种，属中小叶群体种。1976 年和 1980 年，县农业局曾两次开展茶树品种资源调查，并筛选出 43 个优良单株。通过 10 余年的选育，恩苔 2 号和鹤苔早两个品种于 1993 年通过州级鉴定，确定为该州推广的茶树良种。《鄂西高效农业指南》一书，详细记述了这两个品种的特性。

（三）历史沿革

鹤峰是著名的茶叶之乡，茶叶生产历史悠久。西晋《荆州土地记》记载："武陵七县通产茶。"陆羽《茶经》也说"巴山峡川有两人合抱者"，又说，茶的品质"山南，以峡州上"。1867 年，鹤峰第一任知州所纂《鹤峰县志》就有记述："容美贡茗，遍地生植，惟州署后数株所产最佳……味极清腴，取泉水煮服，驱火除障，清心散气，去胀止烦，并解一切杂症。"迄今为止，民间还流传着"白鹤井的水，容美司的茶"之神话故事，传说将容美茶向土司、皇帝进贡时，杯中呈现出一对白鹤飞舞的景观。

1949 年后，茶叶生产得到较快发展。特别是 1976 年以后，全县大力推广密植速成茶园栽培技术，茶园面积和茶叶产量大幅度上升。鹤峰县过去主要生产宜红茶，1990 年后实行红改绿，主要生产炒青绿茶。为了充分发挥茶叶品质的自然优势，增加花色品种，提高经济效益，鹤峰县国营走马茶场自 1979 年起，在生产出口红茶的同时，恢复创制成功特种绿茶 —— 容美茶。该产品属条形烘青茶类，选料精细，制作精致，品质独特，受到省内茶学界的称赞。1983 年，容美茶被评为"湖北省十大地方名茶"之一，并收入《湖北名茶》第一集。此后，容美茶多次在省、州名茶评比中获奖，1986 年被授予省优质产品证书。容美茶，是"湖北茶叶第一县"鹤峰创制成功的一种名茶，也是湖北省最早的名茶之一，现已收入《湖北名优茶》《中国名优茶选集》等著作中。著名茶学家庄晚芳先生在《中国茶史散论》一书中，专门记述了容美茶。日本松下智先生曾来鹤峰考察，其在《中国名茶之旅》书中将容美茶介绍到了日本及世界各国。[2]

---

[1] 张新华. 容美茶 [M]// 王镇恒，王广智. 中国名茶志. 北京：中国农业出版社，2000：507.

[2] 张新华. 容美茶 [M]// 王镇恒，王广智. 中国名茶志. 北京：中国农业出版社，2000：508.

（四）采制技术[1]

采摘：正常年景 3 月上旬开始采茶，一直可采至 9 月底。全年采摘批次在 20 次以上。采摘标准：特级为一个单芽，一级为一芽一叶，二级为一芽二叶（初展）。要求提手采，不损伤芽叶，不采紫芽、虫芽，不带鱼叶。采摘时间以晴天上午、下午和阴天为好，不采雨水叶、露水叶。采下的芽叶防止日晒，轻拿轻放，及时送厂加工。

摊放：鲜叶进厂后，用干净的竹簸在室内摊放，厚度 1—2 厘米，时间 3—5 小时。中间翻动 1 次，动作宜轻。

杀青：用小锅手工杀青，将锅温烧至 130—150℃，投入鲜叶 150—200 克，先闷炒 1 分钟左右，待叶温升高后，改为双手反复抛炒。2—3 分钟后降温至 100℃左右，续炒 2 分钟左右，待叶质变软，叶色暗绿，清香显露，杀青叶含水量 60% 左右时出锅。

摊凉：将杀青叶迅速抖散薄摊于干净竹席上。时间 15—20 分钟。

揉捻：摊凉的杀青叶，放入竹簸中揉捻，以手握茶沿同一个方向旋转，开始用力宜轻，待初步成条再加大力度，中间解块 2—3 次，至芽叶成条即可，避免茶汁挤出过多。

搓条：锅温 70—80℃，投叶量为两锅杀青叶，先抖炒 1—2 分钟，然后抓茶合掌搓条，先轻后重，掌面放平，做单向搓转，将茶条徐徐搓落于锅中，反复进行，经 8—10 分钟，茶条卷紧，白毫初露，含水量达 20% 时即可提毫。

提毫：是发挥茶叶香气和形成容美茶特征的关键工序。仍在锅中进行，锅温 50—70℃，采取抓、理、搓等手法，用力匀和，使茶条更直，锋毫显露，约至茶叶九成干时出锅。

摊凉：提毫后将茶摊于干净竹席上，散热回潮，时间 20—30 分钟。

干燥：用特制的篾织烘笼进行，笼下放燃烧充分后的炭火。烘笼中先铺一层牛皮纸，然后撒上茶，笼内温度 80—90℃，时间 60 分钟。中间下火轻轻翻动 2—3 次。后期降温至 60℃左右。当茶叶用手指一捻即成粉末，含水量 4%—5% 时下笼。

[1] 张新华.容美茶[M]//王镇恒，王广智.中国名茶志.北京：中国农业出版社，2000：508-509.

（五）品质特征

成品容美茶，其品质特征为：外形条索紧秀显毫，色泽翠绿；内质汤色黄绿明亮，香气清高持久，滋味鲜醇回甘，叶底嫩绿匀整。

经检测，容美茶品质成分含量为：氨基酸平均 3.36%，茶多酚平均 32.56%，咖啡碱平均 4.16%，儿茶素总量平均 142.85 毫克 / 千克。容美茶含硒量，平均为 0.35—0.75 毫克 / 千克。1991 年，浙江省科委组织茶叶、医学、土壤等学科专家进行了成果鉴定，将该类茶命名为"天然富硒茶"，推荐为缺硒地区的保健饮料。[1]

鹤峰容美茶 1994 年被纳入国家富硒茶综合开发项目，现已投入机械化批量生产。产品销往武汉、上海、北京等大中城市，成为深受消费者喜爱的富硒茶珍品。

六、雾洞绿峰 [2]

雾洞绿峰（图 3-5）为新创名茶，创制于 1987 年，属绿茶类，产于利川市忠路区雾洞坡一带。

（一）自然环境

图 3-5　雾洞绿峰

利川市位于湖北省西南隅，地处北纬 29°42′—30°30′，东经 108°21′—109°18′，位于巫山流脉和武陵山北上余支的交会处，属云贵高原东北的延伸部分，是恩施州土家族和苗族等少数民族的主要聚居地之一。利川市境内中部突起而平坦，海拔在 1000—1300 米，是鄂西南地区少有的高山盆地。盆地四周峰峦叠起，沟谷交错，与中部海拔之差十分悬殊。西南郁江出口处为全市海拔最低点，海拔下降至 315

[1]　张新华 . 容美茶 [M]// 王镇恒，王广智 . 中国名茶志 . 北京：中国农业出版社，2000：509.

[2]　谭宗派，杨光兴 . 雾洞绿峰 [M]// 王镇恒，王广智 . 中国名茶志 . 北京：中国农业出版社，2000：505-506.

米。境内诸山皆为巫山余脉，齐岳山逶迤西北，莽莽苍苍，横亘125千米，成为利川高山盆地与四川盆地的重要地理分界线，有鄂西南"万里城墙"之美誉。水清十丈的清江，一碧千里的郁江，蜿蜒甘甜的唐崖河和谋道溪水，都从这里发源，呈放射状向四方流去。

雾洞绿峰产于利川市忠路区雾洞坡一带，雾洞坡西南距忠路集镇约1000米，海拔600—800余米，雾洞坡下城池坝，是古代土司和宋代龙渠县城的城池遗址。历史上它曾长期是土家族与苗族先民的政治、经济、文化重地。温暖的后江河、沁凉的前江河在忠路集镇汇成郁江，绕着雾洞坡麓依依不舍地款款西去，在四川彭水注入乌江。

"雾浮雾洞托彩霞，云归洞口产佳茶。"雾洞坡山腰有石洞，常年云雾缭绕。有清泉从洞口流出，清澈甘甜，四季不枯。传说洞口有三株古茶，为仙人所植。用洞泉泡洞口之茶，香气四溢，茶叶在杯中形如白鹤腾空，饮后能得道成仙。人们一直把该山之茶叫雾洞茶，其泉名白鹤泉。

利川属亚热带大陆性季风气候，境内气候呈明显的垂直性差异。雾洞坡一带，冬暖夏凉，1月平均气温3.9℃，7月平均气温26℃，年平均气温15.2℃。降雨充沛，年降水量约1393.2毫米，全年无霜期255天左右。土壤为砂质页岩，pH值4.5—5.5，酸性环境适合茶树生长。茶山坐东朝西，每日清晨郁江雾气蒸腾而上，迷漫四野。高山云雾乃是名茶生长极为有利的自然条件。清同治《利川县志》载："当地土人遍种其茶。其茶清香坚实，经久耐泡，向异他处，亦地气然也。"足见古人对雾洞茶的优异品质和当地优异的生态环境的必然联系已经有了一定的认识。

（二）历史沿革

利川忠路一带，古属巴国。秦汉以降，其地先后为楚巫、黔中、朐忍、巴东等郡县辖地。林木茂密，山地阴湿而排水便利，茶树自古有之，未经炮制的茶叶名"苦茶"，历来即为土人敬献朝廷的贡品之一。南宋在忠路设羁縻龙渠县后，人烟渐臻稠密，城池井然，茶叶的生产制作技术已具一定水平，一些两广商人迁往忠路定居，从事茶叶贸易。元、明以后，雾洞茶成为土司进贡之佳品。清代，境内茶树栽培越来越多。光绪初年，忠路商旅云集，土人覃、窦二家专靠茶业营生。民国时期，米珠薪桂，茶贱如糠，茶园多分布在沟坎、岩坷等瘠薄地带，长势衰败，品种蜕化，产量锐减。1926 年，境内仅有茶园 1040 公顷，产茶 803 吨，至 1949 年，茶园降至 180 公顷，产茶 40 吨，面积产量分别下降了 82% 和 95%。当时，忠路茶园及产量约占全境的 1/3。1949 年后，人民政府重视茶叶生产，培育成片茶园 60 公顷，占当时茶园总面积的 1/3。1955 年，全市（县）开垦荒芜茶园 100 公顷，其中忠路雾洞坡一带，所产茶叶多数销往本省及四川邻近县市。1966 年以后，利川掀起开荒种茶热潮，营造梯式茶田 773 公顷，产茶 143.5 吨，其中忠路雾洞坡一带近 70 公顷，产茶约 30 吨。1987 年以后，利川茶叶生产更加注重科学，在基层从事特产技术推广近 30 个寒暑的科技人员杨光兴亲手采摘、制作，历经三个寒暑，终于创制出了雾洞绿峰、雾洞翠香、雾洞白毫等名优产品。

雾洞绿峰条索紧细有锋苗，色泽翠绿秀润，内质清香持久，汤色嫩绿明亮，滋味醇厚鲜爽，叶底嫩绿匀齐、明亮，内含硒、锗等微量元素。该茶自问世以来，1990 年获湖北省第二届"陆羽杯"银奖；1991 年湖北省人民政府授予其"湖北省优质产品"称号，全国政协副主席王任重赐墨"雾洞茶"三字；1992 年在全省名优茶评比中，被评为"湖北名茶"，全国人大常委会副委员长廖汉生品尝该茶后，欣然命笔，题写了"雾洞绿峰"四个大字；同年，雾洞绿峰的培育创制人高级农艺师杨光兴，被国务院评为"在我国农业技术事业中有突出贡献"的科技工作者，受到国家奖励；1995 年 10 月，雾洞绿峰再创佳绩，在第二届中国农业博览会上，荣获银牌奖励；1994 年，雾洞绿峰先后被编入《湖北名优茶》《中国名优茶选集》等书。

雾洞绿峰工艺稳定，加工生产线科学，年产量一万千克以上，大量销往北京、上海、广州、武汉及河南等省市，少量出口日本及东南亚地区，受到国内外消费者和商旅的广泛好评。

（三）采制技术

利川茶树为本地原生。雾洞绿峰茶树，系在当地原始老茶树中精选培育所得。为了选择良种，1973 年科技人员对境内所有茶树品种进行了历时 3 年的认真调查研究，在忠路雾洞坡一带发现古茶树三株，分别命名为州茶 9 号、州茶 10 号和州茶 11 号。这三株茶树皆为半乔木、苔子茶。这些原始型老树枝叶浓密，都具有早芽、肥壮、叶片茸毛多的良种特点。用这三株种树的枝条在恩施、鹤峰等地扦插，其适应性、抗逆性、丰产性和持嫩性均强。对所产茶叶进行生化检验，其氨酚比为 6：8，咖啡碱为 4.2%，水浸出物为 43%。现雾洞坡茶区共有茶园 533.3 公顷，年产绿茶 200 吨，几乎全系州茶 9 号、州茶 10 号和州茶 11 号三株种树之同类所繁殖。特别是近年采用塑料大棚栽培后，大大提前了一芽一叶的采摘时间，1996 年州茶 11 号一芽一叶的开摘时间为 3 月 12 日，比原来整整提前了 22 天。

利川古人制茶，设施简陋，方法简单，"明火熛，脚板揉，太阳晒，瓦罐熬，大碗喝"的原始工艺和习俗，至今仍在深山民间留存，所饮之茶既酽又苦，与古之苦茶无异。明清以后制茶作坊逐渐出现杀青全凭手感目测，极不稳定。1949 年以后，除了从大专院校分来一些专业人才外，人民政府还于 1953、1959、1996 年先后多次举办制茶技术人员培训班和派人赴外地学习，先后培训采茶制茶技术人员 3000 余人次，逐渐提高了采茶、制茶水平。

雾洞绿峰茶取料考究，做工精细。原料要求在清明前后采摘，一芽一叶或一芽二叶初展，不采紫叶和病虫叶。高温杀青，温度控制在 200℃ 左右，投叶量视锅温高低掌握适量，做到杀匀杀透、不生不焦。至叶色变暗绿、折梗不断、略有清香时，杀青叶及时下锅吹风散热，切忌渥堆，确保鲜活。揉捻以轻压为主，投叶量视机型大小掌握适度，不要过多或过少，揉捻时间 20 分钟左右。二青先采后烘，高温快速定色，色泽翠绿鲜活时，再行炒干，达到外形条索紧细。最后是细火长烘，使白毫显露，达到足干，切忌后期过多翻拌，以防断碎。至茶叶含水量达 6% 以下，手捻茶叶成粉末状时，及时下烘摊凉，包装贮藏或出售。

第三节　秦巴山茶区的湖北名茶

秦巴山茶区，隶属于我国四大茶区中最北面、产茶历史悠久的江北茶区。秦巴山茶区的湖北区域，位于我省长江以北，与陕、川、渝、豫四省市接壤，区域范围包括鄂西北丘陵山地、桐柏丘陵山地及陕南丘陵山地，产茶区域包括了鄂西北襄阳、宜昌、十堰三市及神农架林区及宜昌地区部分县（市、区）：宜昌市辖宜都、远安、兴山三县；十堰市所辖丹江市、郧阳区、郧西县、房县、竹溪县、竹山县等；襄阳市所辖襄州区、老河口市、宜城市、南漳县、谷城县、保康县；神农架林区。

秦巴山茶区湖北板块的气候处于北亚热带向暖温带过渡的地带，水、热资源十分丰富，年平均气温 14℃ 左右。境内有神农架、武当山，庞大的山地成为长江上、中游一个重要的生态屏障。土壤类型以黄棕壤为主，其次是棕壤及紫色土等，土壤呈微酸性，是灌木型中小种茶树适宜种植的区域。湖北省在本区域主要的优良茶树良品系或品种有两个：一是宜昌大叶，又名宜昌种，属灌木型茶树，原产宜昌西陵峡境内，适应性强，最高亩产鲜叶可达 400 千克以上；中芽偏早，育芽能力强，芽叶肥壮，茸毛多；一芽二叶茶多酚含量为 37.4%，水浸出物为 44%，适制红茶和绿茶。二是宜红早，属小乔木型，大叶早生，为无性繁殖品系或品种，发芽整齐，芽叶黄绿色；一芽二叶茶多酚含量为 28.3%，水浸出物为 45%，适制红、绿茶。[1]

湖北省在本区域有主要名茶产县（市、区）7 个，名茶 14 个。其中，历史名茶5 个：远安鹿苑黄茶、峡州碧峰绿茶、竹溪龙峰绿茶、梅子贡绿茶、宜红工夫红茶。当代名茶 9 个：隆中白毫、武当针井、神农奇峰、邓村绿茶、圣水毛尖、玉皇剑茶、水镜茗芽、青山凤舌、剑茶，均属绿茶类。详见表 3-3[2] 所示。

表 3-3　秦巴山茶区湖北名茶

名称	属性	茶类	创制时间	主要产地
远安鹿苑	历史名茶	黄茶	南宋宝庆间	远安县鹿苑寺一带
峡州碧峰	历史名茶	绿茶	唐代，1979 年恢复	宜昌市西陵山一带
邓村绿茶	当代名茶	绿茶	1988 年	宜昌夷陵区邓村乡一带
竹溪龙峰	历史名茶	绿茶	明清，20 世纪60 年代复制	竹溪县龙王垭茶场
梅子贡茶	历史名茶	绿茶	据传唐代	竹溪县梅子垭
隆中白毫	当代名茶	绿茶	20 世纪 80 年代初	襄阳市隆中风景区
武当针井	当代名茶	绿茶	20 世纪 80 年代	十堰市武当山一带

---

[1]　王广智. 中国茶类与区域名茶 [M]. 北京：中国农业科学技术出版社，2003：52.

[2]　笔者根据陈宗懋主编的《中国茶经》和王广智的《中国茶类与区域名茶》等文献资料整理。

名称	属性	茶类	创制时间	主要产地
神农奇峰	当代名茶	绿茶	1986 年	神农架林区
圣水毛尖	当代名茶	绿茶	20 世纪 90 年代	竹山县 15 个产茶乡镇
玉皇剑茶	当代名茶	绿茶	20 世纪 90 年代	谷城县五山镇一带
水镜茗芽	当代名茶	绿茶	20 世纪 90 年代	南漳县
青山凤舌	当代名茶	绿茶	20 世纪 90 年代	竹溪县
剑茶	当代名茶	绿茶	20 世纪 90 年代	竹溪县
宜红工夫	历史名茶	红茶	清代中叶	宜昌、恩施及湘西部分县

本节，我们选择简要介绍远安鹿苑、峡州碧峰、竹溪龙峰、梅子贡茶、隆中白毫、武当针井、水镜茗芽、宜红工夫 8 种黄茶、红茶和绿茶名茶，以飨读者。

一、远安鹿苑

远安鹿苑（图 3-6），亦名鹿苑毛尖，迄今已有 750 余年的历史，是闻名湖北暨全国的历史名茶。它是产于湖北省远安县鹿苑寺的条形黄小茶。黄小茶属黄茶类，它以一芽一叶、一芽二叶的细嫩芽叶制成。我国黄小茶主要品类有沩山毛尖、北港毛尖、远安鹿苑、温州黄汤等。远安鹿苑品质独具风格，被誉为湖北茶中之佳品。

鹿苑寺位于远安县城西北群山之中的云门山麓，海拔 120 米左右，龙泉河流经寺前。茶园多分布于山脚、山腰一带，峡谷中的兰草、山花与四季常青的百岁楠树，相伴茶树生长。终年气候温和，雨量充沛，红砂岩风化的土壤肥沃疏松，茶树生长繁茂，形成其特有品韵。

远安鹿苑采制历史悠久，陆羽《茶经》已

图 3-6 鹿苑茶

有记载。据《远安县志》载，宋宝庆元年（1225），远安鹿苑寺僧在寺侧栽植，产量不到 1 斤，当地村民见茶香味浓，也在山坡和房前屋后种植，茶树数量与日俱增。清乾隆年间，远安鹿苑被选为贡茶。乾隆皇帝饮后，顿觉清香扑鼻，食欲大增，即封远安鹿苑为"好淫茶"。清光绪九年（1883），高僧金田来到鹿苑寺巡寺讲法，品茶题诗，称颂远安鹿苑为"绝品"，并题《鹿苑茶》诗："山精石液品超群，一种馨香满面熏。不但清心明目好，参禅能伏睡魔军。"该诗至今尚镶嵌在鹿苑寺中清代的石碑上。这位僧诗赞扬远安鹿苑的角度与世俗不同，他认为远安鹿苑凝聚、萃取了灵山名泉之菁华，茶之功不仅可以清心明目，还对僧人夜深打坐、驱困参禅大有裨益。古今流传的"清漆寺的水，鹿苑寺的茶"，说的就是湖北省当阳县清漆寺的水和湖北省远安县鹿苑寺的茶，都极其出众。中华人民共和国成立后，远安鹿苑不断改进制茶技术，品质已位居湖北名优茶之冠。1982 年 6 月，全国名茶评选会上远安鹿苑被选为全国名茶，并在名茶和优质食品评比中多次获奖；1986 年获"中国名茶"称号；1990 年通过全国名茶复评；1991 年获杭州国际茶文化节"中国文化名茶"奖，同年获全国名茶品质认证；1995 年通过绿色食品认证。

远安鹿苑的鲜叶采摘时间，在清明前后 15 天。采摘标准为一芽一叶、一芽二叶，要求鲜叶细嫩、新鲜、匀齐、纯净，不带鱼叶、老叶、茶果。采回的鲜叶，先进行"短茶"，即将大的芽叶折短，选取一芽一叶初展芽尖，折下的单片、茶梗，另行炒制。上午采摘，下午短茶，晚间炒制。

鹿苑毛尖的制造分杀青、二青、闷堆、拣剔、炒干五道工序。

杀青：锅温要求 160℃左右，并掌握先高后低的原则，每锅投叶量 1—1.5 千克。炒时要快抖散气，抖闷结合，时间 6 分钟左右。炒至五六成干起锅，趁热闷堆 15 分钟后散开摊放。

二青：炒二青锅温 100℃左右，炒锅要磨光。投入湿坯叶 1.5 千克左右，适当抖炒散气，并开始整形搓条，要轻搓、少搓，以防止产生黑条，时间约 15 分钟，当茶坯达七八成干时出锅。

闷堆：鹿苑毛尖品质特点形成的重要工序。茶坯堆积在竹盘内，拍紧压实，上盖湿布，闷堆 5—6 小时，促进黄变。

拣剔：主要剔除扁片、团块茶和花杂叶，以提高净度和匀度。

炒干：炒干温度 80℃左右，投叶量 2 千克左右，炒到茶条受热回松后，继续搓条整形，应用螺旋手势，闷炒为主，借以保持茶条环子脚的形成和色泽油润。约炒 30 分钟，达到足干后，起锅摊凉，包装贮藏。

远安鹿苑产品分特级和一级、二级。成茶色泽金黄，白毫显露。冲泡后香气高郁，黄绿明亮，滋味醇厚甘凉，叶底嫩黄匀整。产品主销宜昌、武汉、广州等大中城市。黄茶是沤闷茶。沤闷会产生大量的消化酶，而这些消化酶对脾胃最有好处：消化不良、食欲不振、懒动肥胖，都可饮而化之。

二、峡州碧峰

峡州碧峰（图 3-7），是始见于唐代典籍而失传的历史名茶，恢复新创于 1979 年，属绿茶类，产于长江西陵峡北岸的宜昌市半高山区。唐时，这里为峡州属地，故名峡州碧峰。

生产环境：长江西陵峡两岸的半高山茶区，山川秀丽，碧峰林立，云

图 3-7　峡州碧峰

雾弥漫；有千丈深谷、瀑布高悬、气候温和、空气湿润、土壤肥沃、林木葱郁的特点；年均气温 16.6℃，平均日照 1669 小时，平均降雨量 1177 毫米，无霜期平均 272 天，水、热条件十分优越，植茶土壤多为花岗岩分化的砂质壤土，pH 值为 4.5—6.0，土层深厚疏松肥沃，生态环境得天独厚，是种茶的适宜区。明代诗人田钧的《夷陵竹枝词》赞咏峡州风景名胜时写道："仙人桥上白云封，仙人桥下水汹汹，行舟过此停桡问，不见仙人空碧峰。"峡州碧峰名源于此，将峡州秀丽的风光融入品质超群的茶中，茶景相融。

加工工艺：分采摘、鲜叶摊放、杀青、摊凉、初揉、初烘、整形、提毫、烘干、精制定级等工序。

品质特征：峡州碧峰茶属半炒半烘条形绿茶。其品质特征是，外形条索紧秀显毫，色泽翠绿油润，内质香高持久，滋味鲜爽回甘，汤色黄绿明亮，叶底嫩绿匀整。

峡州碧峰茶 1985 年获农牧渔业部"部优"产品称号；1995—1997 年，获得中国农业博览会金奖和名牌产品认可；1997 年获湖北"十佳"名茶精品。产品投放市场至今，深受消费者青睐。

三、竹溪龙峰

竹溪龙峰（以下简称龙峰茶）产于湖北省竹溪县。

竹溪属于陆羽《茶经》所列"山南"茶区，远古曾以茶纳贡。竹溪茶（图 3-8），

在《中国各地名茶原产地及茶品目录》中是榜上有名的。该县从 20 世纪 50 年代初开始将传统茶的种植与加工和现代先进种植与加工技术相结合，开发出了龙峰茶。因该产品核心产区位于龙王垭，山峰雾腾如龙，相传是龙王藏身之地，此地产的茶叶锋苗挺拔，沏泡后形如百龙竞游，故名为龙峰茶。龙峰茶外形紧细显毫，色泽嫩绿光润，整碎匀整，净度无嫩茎。2006 年 11 月，国家质检总局批准对龙峰茶实施地理标志产品保护。

图 3-8　竹溪龙峰

竹溪茶区土壤有机质含量适宜茶树的生长。竹溪茶区属亚热带季风气候区，雨热同季，温度相对较低且昼夜温差较大，光照强度适中，云雾较多，日照百分率较低，空气湿度较大，这些都是茶叶优异品质形成的重要气象生态条件。海拔 900 米左右的地方，是发展优质龙峰茶生产基地的重点区域。

龙峰茶（图 3-9）获第一、二、三届中国农业博览会金奖，连续四届获"湖北十大名茶"称号。2000 年通过国家绿色食品 A 级认证，被评为省有机名茶，连续九年被认定为湖北省名牌产品。

龙峰茶的制作大致分为九步：

采摘：清明前后 1 个月采摘福鼎大白茶（20 世纪 70 年代引进）一芽一叶或一芽二叶初展，要求芽壮、匀整、鲜活。不采雨叶、病芽和紫芽，禁带鳞片、老叶和杂物。

摊放：鲜叶进厂后，须在洁净的篾簸上薄摊，厚度 1—2 厘米。薄摊时间 6—10

小时，以促进部分水分和青草气散发，至鲜叶散发出清香为宜。

杀青：使用杀青机，当筒口 1/3 处空气温度达 125—130℃时，开始投叶。投叶量约 25 千克 / 时，杀青时间近 3 分钟。杀青程度，设含水量分别为 62% 以上、60% 以下、55% 以下三种情况处理。

摊凉：用萎凋槽（或吊扇、落地扇）鼓风，将杀青叶快速冷却，然后薄摊在篾簸上静置 0.5 小时。

图 3-9　竹溪龙峰茶

揉捻：用 6CR-30 型揉捻机，揉 5—8 分钟。

理条：采用往复振动理条机，理条温度分别设为 55—70℃、70—80℃、85—100℃三种情况处理。每次理条投叶量 0.7±0.1 千克，理条时间 5±2 分钟。

摊凉回潮：理条做形完毕后摊凉回潮，使水分分布均匀，时间 0.5—1.0 小时。

初烘：采用网式连续烘干机，风口温度分别设为 110℃、120℃、130℃三种情况处理。摊叶厚度 1 厘米左右，烘 15—20 分钟。

复烘：为进一步失水做形，发散香气，初烘下机摊凉回潮 0.5 小时后，开始复烘。风口温度分别设为 85℃、95℃、105℃ 处理。摊叶厚度 1 厘米左右，烘 15 分钟。

龙峰茶外形紧细显毫，色泽嫩绿光润，整体内质香气鲜嫩清高，带天然花香，滋味鲜醇甘爽，汤色嫩绿明亮，叶底细嫩成朵。

采用气相色谱质谱法（GCMS）分析龙峰茶的香气物质组成结果表明：香气物质中以醇类含量最高，其次是酸酯类和醛酮类香气物质，再次是烷烃和烯烃类及芳香族类香气物质，而以含氮香气物质为最少。这种香气物质的组成，形成了竹溪龙峰茶香气"清香带花香"的独特品质。[1]

龙峰茶的营养元素和生化成分含量较高，水浸出物丰富：水浸出物、茶多酚、儿茶素、氨基酸、咖啡碱、可溶性糖、叶绿素含量分别为 21.93%—44.78%、28.43%—

[1]　王协书 . 竹溪龙峰茶品质形成与生态因子的关系 [D]. 武汉：华中农业大学，2008.

34.23%、150—171 毫 克 / 克、2.58%— 3 .75%、1.87%—2.52%、2.32%—3.07% 和 0.084%—1.129%。[1]

保健价值：龙峰绿茶，尤宜高血压、高血脂、冠心病、动脉硬化、糖尿病、油腻食品食用过多、嗜酒嗜烟、发热口渴、头痛目昏、小便不利及进食奶类食品过多者饮用。

四、梅子贡茶

梅子贡茶（图 3-10）是湖北省十堰市竹溪县的特产，为地理标志保护产品。

竹溪县地处秦岭南麓、大巴山脉东段北坡，与神农架相邻，植被覆盖率达到 81%，森林覆盖率达到 78.6%。竹溪素有"长江三峡水，楚地梅子茶"的美誉。竹溪县茶叶生产历史悠久。近年来，竹溪县茶叶总面积达到 13 万亩，居全省第二位。

梅子贡茶最早产于梅子垭。春秋末期，梅子垭茶成为朝廷贡品；唐代，梅子垭茶被武则天钦定为御用贡品，"梅子贡"因此得名，竹溪赢得了"贡茶之乡"美誉。

生态环境：梅子贡茶产地范围为湖北省竹溪县蒋家堰镇、中峰镇、鄂坪乡、汇湾乡、泉溪镇、梅子垭茶场、杨家扒综合农场、双竹林场共 8 个乡镇农林特场现辖行政区域。2 万余亩核心茶叶基地均在海拔 800 米以上的云雾山中。据华中农业大学专家检验，梅子贡茶氨基酸含量高达 2.95%，茶多酚含量达到 35.94%，超过同类茶的 1.4 倍。

梅子贡茶精选饱满单芽或一叶一芽为原料，经杀青、揉捻、烘干等精心焙制而成。干茶条索紧结，在茶汤中显毫、秀美、匀整，色泽翠绿光润，外观鲜嫩。茶汤色嫩绿明亮，甘醇鲜爽，清香持久，滋味鲜爽醇厚，叶底绿亮匀齐。此外，优越的生

图 3-10　梅子贡茶

---

[1]　王协书 . 竹溪龙峰茶品质形成与生态因子的关系 [D]. 武汉：华中农业大学，2008.

态环境促进了茶叶内含营养物质的合成,其中,氨基酸含量3.6%、可溶性糖含量5.6%、茶多酚含量达到28.5%,是同类地区的1.2倍以上,水浸出物含量49.8%,是国家标准规定的1.46倍,具有止渴生津、去暑消食、提神益思、怡情悦性之功效。[1]

近年来,梅子贡茶发展迅猛,不仅获得绿色食品认证和有机茶质量标准认证,还荣获多届农业博览会金奖和国际茶业博览会金奖,在"湖北省十大有机名茶"评比中名列第一。而竹溪县还被国家有关部门授予"中国茶叶之乡""中国有机茶之乡"的称号。2009年,梅子贡茶被认定为"湖北省名牌产品"并获得"湖北省著名商标"称号;2016年被评为"湖北省老字号"。

梅子贡茶业公司依托华中农业大学、中国茶研所等科研院校,走科技兴茶之路,开发出"梅子贡"绿茶、有机乌龙茶两大系列20多种产品。有机乌龙茶被省科技厅认定为省重大科技成果,产品先后荣获中国安全信用品牌、湖北省消费者满意商品,并远销全国20多个省、市和地区。

五、隆中白毫

隆中白毫(图3-11),是产于湖北襄阳市隆中风景区一带的条形烘青绿茶,于20世纪80年代初研制成功,1992年获得"湖北名茶"称号。

距襄阳城西约13千米的古隆中,是我国三国时期杰出的政治家、军事家诸葛亮隐居躬耕的地方。这里山不高而秀雅,水不深而澄清,地不广而平坦,林不大而茂盛。猿鹤相见,松篁交翠,景色十分幽雅。所产茶叶品质极佳,用该地"一泓碧水,清澈见底"的老龙洞泉水冲泡,茶味格外鲜美,茶香扑鼻。因此,隆中林茶场于20世纪80年代初创制该茶,并结合当地秀丽的景色和诸

图 3-11　隆中白毫

---

[1] 张波,陈明学,陶诚等.长江三峡水,楚地梅子茶[N].中国质量报,2014-06-12.

葛亮遗迹，以隆中茶名问世后即备受瞩目，并在湖北省名茶评比中多次获奖而享誉中外。

隆中茶有炒青型和翠峰型两个品种。炒青的品质特征是外形条索紧结重实，色润而绿，香高味厚，回味甘甜；翠峰则以外形紧直、翠绿显毫、汤色清澈明亮、香气清高持久、滋味鲜爽回甘为其特点。[1]

每年清明后的4月上旬，采摘幼嫩匀整的一芽二叶鲜叶，经摊青、杀青、揉捻、炒二青、复揉、整形、干燥等工序制成。品级分特级和一级、二级。成茶条索紧结重实，翠绿显毫；冲泡后汤色清澈明亮，香高味厚，回味甘甜，叶底绿亮匀齐。

产品主销襄阳、十堰、武汉及全国其他地区。

六、武当针井[2]

武当针井（图3-12）为新创名茶，属绿茶类，创制于20世纪80年代初，产于丹江口市武当山一带。

（一）自然环境

丹江口市位于鄂西北山区，地跨北纬32°13′48″—32°58′30″，东经110°43′48″—111°34′48″，怀抱碧波万顷的丹江口水库，背依著名道教圣地武当山风景区，夹于历史悠久的襄阳重镇与新兴繁荣的十堰车城之间，又有林海神农架与南阳古市在其南北，素称鄂西北门户，是湖北省新兴的优质茶叶生产基地。

丹江口市属亚热带季风气候，具有四季分明、雨热同季、温暖湿润、热量丰富的气候特点。在以武当山为主的茶叶生产基地内，年平均气温

图3-12　武当针井

[1]　吕玫，詹皓.新编茶叶地图[M].上海：上海远东出版社，2006：119.

[2]　董建波.武当针井[M]//王镇恒，王广智.中国名茶志.北京：中国农业出版社，2000：513-514.

15.9C，≥10℃的活动积温 5080℃，日照 1950 小时，无霜期 250 天，平均降雨量 918.2—1021.3 毫米。土壤多为砂壤或轻壤，pH 值为 5.8—6.8，含有机质 0.06%—6.55%，全氮量 0.037%—0.196%，速效磷 0.14—19.8 毫克 / 千克，速效钾 20.3—158.3 毫克 / 千克。成土母质有第四纪黏土沉积物、白垩第三纪红砂岩风化物、石灰岩风化物、碳酸盐类风化物等 7 种。海拔高，植被好，山上云雾缭绕，相对湿度大。武当山"紫霄宫"海拔 780—840 米处，有几株树龄在 70 年以上的茶树至今枝叶繁茂，生长旺盛，叶色碧绿，叶质柔软，持嫩性强，可见其土质深厚，矿质元素丰富。

（二）历史沿革

1984 年 4 月，湖北省茶叶学会组织有关茶叶专家和技术员，对武当山名优茶生产和制作进行了考察并评审了武当针井茶。他们一致认为，丹江口市山好水好，植茶条件优越，茶叶品质上乘，尤以武当山镇八仙观一带所产最佳。

武当针井茶自开发至今，以其独特的品质特征，配之以武当山旅游之胜地，受到世人关注，产量也不断增加，年产量 3000 千克。知名度也不断扩大，1991—1995 年武当针井茶在湖北省名优茶评比中均获一等奖、特等奖；1995 年第二届中国农业博览会茶叶评比获金奖；1992 年获"湖北名茶"称号，并先后载入《湖北名优茶》《中国名优茶选集》。

（三）采制技术

采摘：因丹江口市的气候条件，鲜叶采摘期比江南茶区迟，又加之为山地茶园，所以一般在 4 月上旬开采，一直可采到 10 月底茶园封园。采摘标准为单芽头，一芽一叶初展，最低标准不低于一芽二叶，剔除紫芽叶与病虫叶，鲜叶原料讲究匀实，否则不能制出上等的针井茶来。阴雨天气及雨后一般不采茶。

摊放：为了防止因鲜叶水分过高而杀青不透，采回的叶子一般要经过摊放。时间因天气而定，气温高往往摊放 2—3 小时，气温低时间可长一些，置阴凉处，有利于鲜叶内含物质的转化，提高干茶的香气和滋味。

杀青：杀青一般在斜锅中进行，每锅投入鲜叶 0.5 千克左右，锅温为 200—220℃，先高温闷杀 1—2 分钟，再降温翻炒，动作轻快，翻炒均匀，直至叶质柔软，叶色绿，梗弯曲而不断，香气显露，青气消失，手捏叶软略有黏性为止。总共时间为 5—

6分钟。机械杀青在85型滚筒杀青机中进行，投叶量为4千克左右。

初揉：将杀青叶放在竹匾上或装入35型揉捻机中轻揉，手工轻揉时间为5分钟，机械揉捻时间为15分钟，按轻、重、轻次序加压，目的是卷紧茶条，缩小体积。

炒二青：手工炒二青也在斜锅中进行，锅温应低，约100℃，投叶量为头青的叶量，炒至不粘手、减重45%—50%为止。机械炒二青也在85型滚筒杀青机中进行，锅温120—140℃，投叶量应按两桶杀青叶并一桶，减重45%—50%时起锅。

整形：完全手工进行。将二青叶放在整形平台灶上，温度80℃，一手在上，一手在下，搂住茶叶顺势搓条，按照用力轻、重、轻的原则，来回反复。搓条过程中不断理条、抖散，条理至细、紧、直，外形呈针状，失水80%左右即可。

干燥：烘温70℃，用炭火烘干，烘笼下垫牛皮纸，每隔3—4分钟翻动一次，烘至茶叶含水量5%—6%，手捏茶成粉末状时下烘，摊凉后包装。

武当针井茶外形色泽翠绿、显毫，条索紧细如针，香气高爽持久，汤色清澈明亮，滋味浓醇鲜爽，叶底嫩绿匀齐成朵。一般分为特级、一级、二级、三级和等外级五个等级。

七、水镜茗芽

水镜茗芽（图3-13），是产于湖北南漳县境内、创制于20世纪90年代的绿茶类湖北名茶。

南漳县位于汉水以南荆山山脉东麓，境内山峦重叠，地势复杂，是"八山半水分半田"的山区县。

图3-13　水镜茗芽

南漳产茶历史悠久。早在唐代，南漳就属襄州茶区，其茶叶品质与彭州、荆州相当。据《南漳县志》记载，清朝同治年间，该县李庙磨坪绿茶已作为贡品进奉朝廷。

全县现有茶园33万亩，主要分布在西南部山区，年产绿茶35万千克，茶叶产值2000多万元。

茶叶龙头企业南漳水镜茶业公司立足本地自然优势，狠抓名优茶开发，所创"水镜"牌系列名优茶产品，行销湖北、陕西、山西、河南、北京、福建等省市。该茶1996年注册"水镜"品牌，1997、1998、1999年连续三年获"中茶杯"名茶评比特等奖，1998年在中国国际名茶、茶制品博览会上获最佳推荐产品奖，1999、2002、2006年三次被评为"湖北十大名茶"之一。

水镜茗芽茶的主产区经省环保站进行大气、水质和土壤质量监测，其污染指数几乎为零。加之近几年该茶区大力推广无公害茶树栽培技术，茶园基本不施用农药，不施化学肥料，所产茗芽已成为纯天然饮品。2000年经国家绿色食品办公室严格检测，获国家A级绿色食品颁证。

制作工艺：

采摘：极品水镜茗芽茶鲜叶采摘时间为3月下旬至4月下旬。要求全部采摘发育健壮的嫩芽，芽长12厘米以上。

摊凉：鲜叶采回后摊放于竹席上，摊放厚度约2厘米，摊放时间4—6小时。

杀青：用30型名茶杀青机或42型多功能机，锅温180℃左右，多功能机杀青每锅投叶量500克左右，时间3—4分钟。

整形：在多功能机或电炒锅中进行，并加轻压，使芽叶组织部分破碎，条索紧直。

干燥：分初烘和复烘两道工序，可在名茶烘干机或电炒锅中进行。初烘温度掌握在120℃左右，烘时20分钟，烘至茶叶九成干时出机摊凉30分钟。复烘温度为70—80℃，烘20分钟左右，待茶芽足干、折之即断、研之成粉末时，出机摊凉。

分级包装：制成的茶叶经剔除部分断碎芽后即可分级包装。内包装用铝塑复合袋，外用书本式手提包装。

品质特点：水镜茗芽茶采用该县栽种的福鼎大白茶、鸠坑种的嫩芽为原料制成。其成茶芽肥挺直，色泽翠绿显毫，茶汤清澈明亮，清香持久，滋味鲜醇回甘，叶底嫩绿匀齐。产品经农业部茶叶质量监督检验测试中心检测，其品质达到名优茶水平。

八、宜红工夫

宜红工夫（图 3-14），是产于鄂西山区的宜昌、恩施两地的条形工夫红茶，邻近的湘西石门、桑植、慈利等县亦有部分生产。

图 3-14　宜红工夫

宜昌是中国的古老茶区。茶圣陆羽在其撰写的《茶经》中，比较了全国各地茶叶品质后，给予宜昌高度评价："峡州上。"该区域山林茂密，河流纵横，气候温和，年平均气温 13—18℃，雨量充沛，年降雨量 750—1500 毫米，无霜期 220—300 天，土壤大都属微酸性黄红壤土，适宜茶树的生长。宜昌茶区海拔高，昼夜温差大，加上长江及其水系的水文气象效应，山中云雾缭绕，雨量充沛，土壤肥沃，具有得天独厚的生长优质茶的生态环境。据农业部茶叶质量检测中心测定，该茶区核心产地的茶叶中氨基酸含量达到 5.76%，茶多酚、氢基酸比例恰当，是生产名优茶的基地。据记载，宜昌红茶问世于 19 世纪中叶，至今已有百余年历史。1850 年，俄商开始在汉口购茶，汉口开始单独出口宜昌红茶。1861 年汉口被列为通商口岸，英国即设洋行大量收购红茶。因交通关系，由宜昌转运汉口出口的红茶取名"宜昌红茶"，"宜红"因此而得名。道光年间，先由广东商人钧大福在五峰渔洋关传授红茶采制技术，设庄收购精制红茶，运往汉口再转广州出口。咸丰甲寅年（1854）高炳三及尔后光绪丙子年（1876）林紫宸等广东帮茶商，先后到鹤峰县改制红茶，在五里坪等地精制，由渔洋关运汉出口，洋人称为"高品"，渔洋关一跃成为鄂西著名的红茶市场。"宜红"由英国转售西欧，而后美商、德商也时有购买，宜红得到大量发展。1876 年，宜昌被列为对外通商口岸，"宜红"出口猛增，声誉极高。1886 年前后系宜红出口的最盛期，输出量达 15 万担左右。1888

年，汉口茶叶出口量达 86 万担，占当时全国茶叶出口量的 60%，其中以红茶为主。后由于历史原因，宜红一落千丈。1951 年湖北省茶叶公司成立，在五峰、鹤峰、长阳、宜昌、恩施、宜恩、利川及湖南石门设点收购宜红。后来，随着各地茶厂的建立，宜红的生产逐渐恢复和发展。目前，宜红已成为宜昌、恩施两地的主要土特产品之一，产量约占湖北省茶叶总产量的三成以上。[1]

宜昌茶区的茶农十分注意保护生态环境，茶园又分布在高山峡谷之中，环境没有受到任何工业废气、废水、废物污染源的污染。茶农重视保护茶园病虫的天敌资源，极少使用农药，绝对不使用国内外已禁止使用的农药，注意对病虫的预测预报，采用生物防治和农业防治相结合的方法防治病虫害；茶园内禁止使用除草剂，少量使用化肥，施肥以农家肥和绿肥为主。这里形成了山顶是林木、山腰是茶园、山脚是农田的合理布局，杜绝了茶园中空气、水源、土壤受污染的可能性。

宜红工夫外形条索紧细有金毫，色泽乌润，香甜纯高长，味醇厚鲜爽，汤色红亮，叶底红亮柔软。茶汤稍冷即有"冷后浑"现象产生，是我国上乘品质的工夫红茶之一。[2]

宜红工夫的制作有萎凋、揉捻、发酵、干燥四道工序，因工艺复杂、技术性强，工夫红茶因此得名。宜红工夫制选分为初制和精制两个阶段。

宜红工夫的制作工艺是采摘一芽二三叶，经萎凋、揉捻、发酵、干燥制成。品级分一至五级。产品主销东欧及俄罗斯。

宜昌红茶得以再次闻名，不只是因为它的口感上佳，也因其具有很高的养生功效。

（1）解毒：宜红工夫茶中的茶叶碱能吸附重金属和生物碱，并沉淀分解，具有解毒功效。这对饮水和食品受到工业污染的现代人而言，不啻是一项福音。

（2）强筋骨：红茶中的多酚类能抑制破坏骨细胞物质的活力，为了防治女性常见骨质疏松症，建议每人服用一小杯红茶，坚持数年效果明显。

（3）消炎杀菌：宜红工夫茶中的多酚类化合物具有消炎的效果，再经由实验发现，儿茶素类能与单细胞的细菌结合，使蛋白质凝固沉淀，借此抑制和消灭病原菌。所以细菌性痢疾及食物中毒患者喝红茶颇有益，民间也常用浓茶涂伤口、褥疮和香港脚。

---

[1] 陈宗懋. 中国茶经 [M]. 上海：上海文化出版社，1992：216-217.

[2] 陈宗懋. 中国茶经 [M]. 上海：上海文化出版社，1992：217.

（4）提神消疲：宜红工夫茶中的咖啡碱借由刺激大脑皮质来兴奋神经中枢，促成提神致思考力集中，进而使思维反应更敏锐，记忆力增强；它也对血管系统和心脏具兴奋作用，强化心搏而加快血液循环以利新陈代谢，同时又促进发汗和利尿，由此双管齐下加速排泄使肌肉感觉疲劳的乳酸及其他体内老废物质，达到消除疲劳的效果。

（5）生津清热：夏天饮用宜红工夫茶，能止渴消暑。因为，茶中的多酚类、糖类、氨基酸、果胶等与口涎产生化学反应，刺激唾液分泌，使口腔滋润，产生清凉感；同时，咖啡碱还能调节体温，刺激肾脏以促进热量和污物的排泄，维持人体的生理平衡。

此外，宜红工夫茶还具有防龋、健胃通肠助消化、延缓老化、降血糖、降血压、降血脂、抗癌、抗辐射等功效；宜红工夫茶还是极佳的运动饮料，除了可消暑解渴及补充水分外，还能在运动中促成脂肪燃烧供应热能，所以让人更具持久力。

第四节　桐柏山大别山茶区的湖北名茶

桐柏山大别山茶区位于长江中下游以北的鄂、豫、皖三省交界处。就湖北省而言，茶区范围包括鄂东北低山丘陵、鄂北低山丘陵，行政区域范围包括黄冈市、孝感市、武汉市、宜昌市、荆州市、荆门市和随州市的大部分，总计产茶市（县、区）26 个：黄冈、红安、麻城、罗田、浠水、蕲春、黄梅、武穴、英山；孝感、汉川、云梦、应山、大悟、应城；武昌、汉阳、黄陂、新洲；当阳、枝江；江陵、公安；荆门、钟祥、京山等。

生态环境：本区域地处北亚热带边缘，年平均气温 14—16℃，年平均降雨量 1200—1500 毫米，年平均相对湿度 80% 以上。土壤类型多为黄棕壤和棕壤，土壤 pH 值为 4.8—5.5，是灌木型中小种茶树适生区和经济栽培区。[1]

---

[1]　王广智 .中国茶类与区域名茶 [M].北京：中国农业科学技术出版社，2003：57.

　　名茶资源：湖北省在本区域主要原生优良品系或品种 1 个，即英山县的英山群体，小叶中生，为有性繁殖品系或品种，抗性强，长势旺，产量高。湖北省在本区域有主要产名茶县（市、区）6 个，名茶 7 个。其中，历史名茶 3 个，均属绿茶类：龟山岩绿，创制于唐代，为唐宋名茶，后失传，于 20 世纪 50 年代恢复创新，主产麻城市；仙人掌茶，属绿茶类，创制于唐代，主产当阳市；车云毛尖，属绿茶类，创制于清代，闻名于民国，主产随州市。当代名茶 7 个，均属绿茶类：武昌的金水翠峰，黄梅县的挪园青峰，大悟县的双桥毛尖、大悟寿眉，孝感市孝南区杨店镇的浐川龙剑茶，英山县的天堂云雾、露毫茶等。[1] 详见表 3-4。

表 3-4　桐柏山大别山茶区的湖北名茶 [2]

名称	属性	茶类	创制时间	主要产地
仙人掌茶	历史名茶	绿茶	唐代	当阳市玉泉寺一带
车云毛尖	历史名茶	绿茶	清代	随州市北部车云山一带
龟山岩绿	历史名茶	绿茶	唐代	麻城市龟山一带
天堂云雾	当代名茶	绿茶	1990 年	英山县天堂寨南侧
露毫茶	当代名茶	绿茶	1990 年	英山县
大悟寿眉	当代名茶	绿茶	20 世纪 90 年代	大悟县黄站镇万寿寺茶场
浐川龙剑	当代名茶	绿茶	20 世纪 90 年代	孝感市杨店镇浐川茶场
金水翠峰	当代名茶	绿茶	1979 年	武汉市武昌区西北部
挪园青峰	当代名茶	绿茶	1988 年	黄梅县挪步园茶场
大悟毛尖	当代名茶	绿茶	20 世纪 60 年代	大悟县双桥镇一带

---

　　[1]　王广智 . 中国茶类与区域名茶 [M]. 北京：中国农业科学技术出版社，2003：60.

　　[2]　本书著者根据陈宗懋主编的《中国茶经》和王广智的《中国茶类与区域名茶》等文献资料整理。

一、仙人掌茶

仙人掌茶（图3-15），又名"玉泉仙人掌茶"，产于湖北省当阳市玉泉山麓玉泉寺一带，为扁形蒸青绿茶。

图3-15　仙人掌茶

生产仙人掌茶的玉泉寺，是我国著名的佛教寺院。它与南京栖霞寺、浙江国清寺、山东灵岩寺并称"天下四绝"。玉泉山远在战国时期，就被誉为"三楚名山"。玉泉寺自然资源十分丰富，山间古木参天，云雾弥漫，翠竹摇影，四季常绿；地下乳窟暗生，特别是山麓右侧有一泓清泉喷涌而出，清澈晶莹，喷珠漱玉，名为"珍珠泉"，造就了玉泉山麓优越的植茶生态环境。这里气候温和，雨量充沛，土质肥沃，生长的茶树芽叶质软肥壮，萌发轮次多，从杨柳吐翠的3月，到丹桂飘香的9月，采摘期长达7个月之久，是茶叶的理想产地。

据《全唐诗》《当阳县志》及《玉泉寺志》记载，仙人掌茶始创于唐代，至今已有1200多年的历史。创制人是玉泉寺的中孚禅师，他不但善品茶且善制茶，创制了一种形如仙人掌的扁形茶。中孚禅师俗姓李，是著名诗人李白的族侄。唐玄宗天宝六年（747）[1]，他云游金陵（南京）栖霞寺时逢其叔李白逗留于寺，中孚禅师遂将自己的诗与此茶赠予李白。李白品尝后，觉得此茶状如掌，清香滑熟，并了解了该茶产于玉泉寺，又因是族侄亲手所制，遂取名"玉泉仙人掌茶"，并作诗一首颂之。从此，仙人掌茶名声大振。

仙人掌茶品级分为特级、一级和二级。特级茶的鲜叶要求一芽一叶，芽长于叶，多白毫，芽长为2.5—3.0厘米。制成的仙人掌茶，外形扁平似掌，色泽翠绿，白毫

---

[1]　安旗. 新版李白全集编年校注 [M]. 成都：巴蜀书社，2000：728-729.

披露；冲泡之后，芽叶舒展，似朵朵莲花挺立水中，汤色嫩绿，清澈明亮；清香雅淡，沁人肺腑，滋味鲜醇爽口。初啜清淡，回味甘甜，继之醇厚鲜爽，弥留于齿颊之间，令人心旷神怡，回味隽永。

加工工序为蒸汽杀青、炒青做形、烘干定型三道工序。

杀青：杀青对仙人掌茶品质起着决定性作用。蒸汽杀青在蒸笼内进行，温度达100℃，蒸汽杀青时间为50—60秒，以鲜叶失去光泽、呈灰绿、发出清香、叶质柔软为适度。蒸汽杀青后，即予扇凉，进行炒青做形。通过高温，破坏鲜叶中酶的特性，制止多酚类物质氧化，以防止叶子红变；同时蒸发叶内的部分水分，使叶子变软，为揉捻造形创造条件。随着水分的蒸发，鲜叶中具有青草气的低沸点芳香物质挥发消失，从而使茶叶香气得到改善。除特种茶外，该过程均在杀青机中进行。影响杀青质量的因素有杀青温度、投叶量、杀青机种类、时间、杀青方式等。它们是一个整体，互相牵制。

炒青做形：分头青、二青、揉捻做形三个步骤，是形成仙人掌茶独特外形的关键工序。头青炒法主要采用"抖"，并须抖得快、散得开。二青炒法采用"抖""带"结合，使茶叶初具条形。该茶掌形的形成，主要是通过做形。其法是交手四指并拢，拇指分开，平平地伸入锅内，采用抓、按等手法炒制，力求茶叶扁平挺直。通过利用外力作用，使叶片揉破变轻，卷转成条，体积缩小，且便于冲泡。同时部分茶汁挤溢附着在叶表面，对提高茶滋味浓度也有重要作用。仙人掌茶的揉捻工序有冷揉与热揉之分。所谓冷揉，即杀青叶经过摊凉后揉捻；热揉则是杀青叶不经摊凉而趁热进行揉捻。嫩叶宜冷揉以保持黄绿明亮之汤色与嫩绿的叶底，老叶宜热揉以利于条索紧结，减少碎末。除名茶仍手工操作外，大宗仙人掌茶的揉捻作业已实现机械化。约七成干时，进行烘干定形。至含水量5%左右时，出烘包装收藏。

烘干定型：干燥的目的是蒸发水分，并整理外形，充分发挥茶香。干燥方法有烘干、炒干和晒干三种形式。仙人掌茶的干燥工序，一般先经过烘干，然后再进行炒干。因揉捻后的茶叶，含水量仍很高，如果直接炒干，会在炒干机的锅内很快结成团块，茶汁易粘结锅壁。故此，茶叶先进行烘干，使含水量降低至符合锅炒的要求。

工序改革：在蒸青团茶的生产中，为了改善苦味难除、香味不正的缺点，逐渐采取蒸后不揉不压，直接烘干的做法，将蒸青团茶改造为蒸青散茶，保持茶的香味，同时还出现了对散茶的鉴赏方法和品质要求。这种改革出现在宋代。《宋史·食货志》载："茶有两类，曰片茶，曰散茶。"[1] 片茶即饼茶。元代王祯在《农书·卷十·百谷谱》中，对当时制蒸青散茶工序有详细记载，"采讫，以甑微蒸，生熟得所。生则味硬，熟则味减。蒸已，用筐箔薄摊，乘湿略揉之，入焙匀布火烘令干，勿使焦。"[2] 由宋至元，饼茶、龙凤团茶和散茶同时并存，到了明代，由于明太祖朱元璋于 1391 年下诏，废龙团兴散茶，使得蒸青散茶大为盛行。相比于饼茶和团茶，蒸青散茶茶叶的香味得到了更好的保留，然而，使用蒸青方法，依然存在香味不够浓郁的缺点。于是出现了利用干热发挥茶叶香气的炒青技术。

仙人掌茶含量颇高的茶多酚及咖啡碱，能有效降低人体血脂的含量，帮助肠胃消化油腻食物和减少对脂肪的吸收，还有防辐射及抗癌等作用。

二、车云山毛尖

车云山毛尖（图 3-16）是产于湖北省随州市北部车云山一带的历史名茶，属绿茶类，创制于清代。

图 3-16　车云山毛尖

车云山位于湖北与河南两省交界的桐柏山区，境内群峰挺拔，山势巍峨，苍山青翠，巨石嶙峋。这里处处林木蓊郁，清泉长流；每逢遇雨，群山若隐若现；雨后乍晴，团团白云，翻滚于群峰之间，其状如万马奔驰，又似车轮滚滚，车云山因此而得名。

车云山产茶历史悠久。早在清代光绪三十二年（1906），当地茶人就从邻近的安徽六安引种栽培，经茶农精工细制，创造出外形紧细圆直、锋毫显露，内质香高味醇、甜凉生津、色泽嫩绿、汤清叶绿的佳品毛尖。20 世纪 20 年代，当地茶农

[1]　陈祖槼，朱自振. 中国茶叶历史资料选辑 [M]. 北京：农业出版社，1981：491.

[2]　王祯. 农书（卷十·百谷谱）[M]. 北京：中华书局，1956.

在吸收黄大茶、瓜片茶等制法的基础上，通过多年的反复实践，创造了一套毛尖茶加工技术，开始了独具一格的车云山毛尖茶的生产。1915 年，车云山毛尖曾参加巴拿马国际博览会赛展；1949 年以后，此茶作为全国名茶之一载入浙江人民出版社出版的《中国名茶》一书。现在，武汉、襄阳、随州、老河口等地，都是车云山毛尖的主要消费市场。

车云山毛尖的加工工艺，重在以下环节：

（1）采摘：车云山毛尖采摘严格，鲜叶要求采摘匀、净、嫩。

（2）炒制：分"生锅"和"熟锅"。生锅用帚把均匀挑动，待叶软柔后，按顺时针方向旋转成团。先重后轻，边转边抖，至茶叶开始挤出时，进入熟锅，进行赶条。至茶叶表面不粘结时，用手理条。采取四指并拢、拇指分开的手势，使茶叶沿着锅壁轻擦带动，在掌心翻动，从虎口吐出，要求抓得均匀，甩得开展。到七八成干时，起锅上烘，需三次烘焙。

（3）烘焙：车云山毛尖加工工艺，烘焙技术最为独特。烘焙在地灶烘笼上进行，一般要分三次进行。第一、二道烘焙主要起干燥作用，温度掌握先高后低，要求薄摊、勤翻、轻放，烘至色翠绿、毫显露为度。第三道烘焙被视为关键性的工序，用的是低温长烘，时间长达 1 小时，这样车云山毛尖浓厚的熟板栗香便产生了。再经适当拣剔，按照品质加以分级，装入锡罐存放、待用。车云山茶叶制作技术已载入于 1981 年 8 月农业出版社出版的教科书《茶叶制造学》。

常饮车云山毛尖，能提神醒酒解毒、消除疲劳，解油利尿、助消化，对高血压、动脉硬化都有一定的疗效。

三、龟山岩绿

龟山岩绿（图 3-17），是产于湖北麻城龟山的东南沟、大块地、角尾、柿并山、梨树山等地的条形炒青绿茶。

龟山岩绿史称龟山云雾茶，早

图 3-17　龟山岩绿

在唐代，茶圣陆羽的《茶经》中就有记载。1958 年，湖北省建起了国营龟山茶场，开垦出一大批新茶园，茶场的科技人员全身心投入到龟山云雾茶的开发研究中，在吸收了龟山云雾茶的传统制作工艺后，经反复研究试验，于 1959 年研制出云雾茶之极品——龟山岩绿茶。龟山岩绿问世后，因其形质俱佳，在 20 世纪 60 年代初，即被列为湖北四大名茶之一，备受消费者青睐。

龟山（也称龟峰山）位于大别山南麓的麻城县境内，顶峰海拔 1200 余米，终年云雾弥漫，故有"人在车中坐，车在雾中行"之说。这里风景秀丽，岩石嶙峋，群峰耸立，林木葱翠，溪水潺潺，鸟语花香。该地土层深厚肥沃，富含丰富的有机质及矿物质，pH 值 5.5 左右，年平均气温 16℃，夏季极端最高温不超过 32℃，无霜期 230—240 天，降水量为 1200—1300 毫米，相对湿度 80%，是一个得天独厚的宜茶之所。麻城"龟山岩绿"茶园基地分布在龟峰山海拔 600—1000 米的半高山地带，日照时间短，气候变幻莫测，尤其是春夏之交，多为云雾笼罩，故茶叶生长旺盛，芽头肥壮，叶质柔软，持嫩性强，所制之茶，外形绿秀，汤色明亮，滋味醇厚，栗香持久。

龟山岩绿的制作流程分为六步：

（1）采摘：保证鲜叶质量是做好岩绿茶的物质基础。岩绿茶的鲜叶采摘遵循"不采三叶，严求三度"的标准。

（2）杀青：先高后低，是提高岩绿茶香、味的重要措施。岩绿茶杀青，锅温要升至 200℃以上，将 4 斤左右的鲜叶投入斜锅内翻炒以破坏酶的活性，先用手炒，以抖为主，使芽叶受热均匀；当感到茶叶烫手时，用木叉翻炒，水分重的叶继续抖炒，待水分大量发散，进行闷炒，炒至叶软略有黏性，立即退火，将锅温降低到约140℃，再翻炒到叶色由鲜绿变为暗绿，减重率 40%—45%，即为杀青适度，迅速出锅，薄摊散热。

（3）揉捻：要掌握轻、重、轻的分次揉捻的手法，突出其内质鲜浓的品质。岩绿茶要求耐冲泡，所以揉捻时，手揉开始不宜用力过大，采取逐步加压（机揉不加压），初揉用两手向前推动，倒转分开的揉捻方法，以至外形条索紧卷，细胞破坏率 45%—65% 为适度。岩绿的外形要求挺直、圆匀，而外形主要在整形工序中形成，因此手揉或机揉，揉捻时间不宜过长，一般在 10—15 分钟，加压（手揉），较一般绿茶轻。

（4）初干：是保证质量的必要条件。岩绿是采用焙笼烘干，目的是进一步蒸发水分，浓缩茶汁，便于整形。初干的温度在 120℃左右，每笼放茶坯 1.5—2.0 斤，做到薄摊勤翻，注意烟火，初干叶含水量 40%—45% 较适当，并随时摊放，使叶中水分重新分布，使叶质变为柔软，便于复揉。

（5）整形：这一工序是决定岩绿茶外形圆、直的重要过程。首先将经过复揉的茶坯，以每锅 1.5—2.0 斤投入锅内，锅温掌握先高后低的原则，即开始约 120℃，待茶条至七成干时，锅温保持在 70—80℃，以双手带茶，连扭带搓，使茶条均匀搓散，并取出放在揉茶筐内搓揉，解块 2—3 次，使茶进一步紧卷，再投入锅内搓条，如此反复 3—4 次，待茶叶失去黏性，含水量约 20% 时整形，做到手不离茶茶不离锅，以快速巧妙的手法，将茶条收集摆直，用手掌合抱，虎口张开，右手向前，左手向后，茶条在掌中转动，以去重回轻的办法，使茶条从手掌中掉散出来，散落锅内，如此循环，茶叶达九成干时，茶条呈现圆直紧细，色泽墨绿，白毫显露，即可出锅，进行摊凉。

（6）提香：将摊凉的茶条，重回锅内，锅温开始保持 80℃左右，把茶条沿锅围转动，手要轻，用力要匀，茶条由墨绿转为油绿且含水量为 7% 时，锅温加高到 140℃，速炒 2 分钟，以提高香气；出锅后，筛去碎末，拣出扁片、粗条，冷后包藏。

经过多年的生产实践，龟山岩绿形成了自己的品质特征：条形绿茶，外形条索紧直细圆润，色泽翠绿，锋毫显露，香气浓郁持久，滋味醇厚回甜，汤色黄绿明亮，叶底黄绿嫩匀，耐冲泡。

龟山岩绿有延缓衰老、抑制心血管疾病、抗癌、预防辐射、抑菌消炎、美容护肤、提神、帮助消化等作用。

四、天堂云雾

天堂云雾茶（图 3-18），得名于湖北大别山主峰天堂寨的"天堂"二字。此茶因为高山和半高山茶场所产，品质具有明显的香高、味醇、耐冲泡的云雾山中茶的特色，故又名"英山云雾茶"。

英山县位于湖北省东北部，地处大别山南麓，地势东北高西南低，平均海拔在 500—800 米。大别山主峰天堂寨海拔 1729 米，北南走向有三条山脉夹着东西两条大

河纵贯全境。紧邻安徽的中国名茶六安瓜片的产地,地理位置优越。从气候条件来说,

英山属长江中下游北亚热带湿润性季风气候,光照充足,雨量充沛,无霜期长,全县年平均日照时数1866小时,年平均气温为16.4℃,年平均降雨量为1462毫米,年平均蒸发量为1372毫米,非常适合茶树生长。

英山天堂云雾茶,产自大别山区重要生态功能区的江淮分界岭。这里群山连绵,秀水长流,生物多样,生态良好,是难得的一方净土。

图 3-18　天堂云雾

这些都为英山云雾的优良品质打下了良好的基础。

英山产茶的历史,源远流长。据县志记载,早在唐代,英山生产的"团黄""蕲门"就与安徽霍山的"黄芽"统称"淮南三茗",作为贡品运往长安。如今,英山县的茶叶已从天堂寨泉边那块茶园发展到全县11个乡镇309个村,几乎是村村有茶场,是农业部授予的"中国茶叶之乡"。茶叶已成为全县富民强县的支柱产业。

英山云雾茶的生产工艺:云雾茶选料讲究,制作精细。根据茶芽生育的特性,按不同展叶期采摘的不同嫩度的原料,分别制成三个品级,即春笋、春蕊、春茗。春笋属全芽茶,是其中的极品;春蕊的原料为一芽一叶初展,是第二个档次;春茗的原料为一芽一叶和一芽二叶初展,是普通级。如此分期、分批按各自要求的原料标准采摘和各自要求的工艺进行加工。该茶的制作,具有设备简单、工艺流程严谨、方法易掌握的特点。设备上,一般茶场只要配置若干"龙井锅"就能生产;工艺上,只要把握住摊青、杀青、揉捻、炒二青、烘干等几个工序上的技术指标,环环扣紧,一气呵成,就能做出好茶;方法上,高档产品(春笋、春蕊)采用手工操作,以保持名茶独有的品质风格;普通级(春茗)可采用半机械、半手工的方法,以提高工效、降低成本、增加批量。

英山云雾茶的品质特征:英山云雾茶属条形烘青绿茶。其(春笋)品质特点是,

外形条索挺直显毫，色泽翠绿光润，内质香气清鲜，汤色翠绿，清澈明亮，滋味鲜醇回甘，叶底芽壮肥嫩，翠绿明亮。从1990年开始，该茶多次荣获"中茶杯""鄂茶杯""陆羽杯"金奖；1999—2006年连续4次被评为"湖北十大名茶"之一；2001年3月被中国绿色食品发展中心认定为绿色食品；2003年荣获湖北省人民政府"名牌产品"称号。产品畅销北京、上海、武汉等大城市，受到消费者的喜爱，成为茶中精品。

英山云雾茶具有提神疗烦、解热止渴、明目清心、解烟醒酒、消食除腻、和胃利尿、杀菌消炎、防龋固齿、减肥健美、降压除脂、增加血管壁弹性、防癌防辐射等功效。

五、挪园青峰[1]

挪园青峰（图3-19）为新创名茶，创制于1988年，属绿茶类。因产于黄梅县挪步园茶场而得名。

（一）自然环境

黄梅县地处吴头楚尾，属鄂东大别山南麓东段，长江中下游北岸，东近安徽，南临江西，跨北纬29°43′—30°18′，东经115°43'—116°07′。地势由北向南，梯级递降，最高点为挪步园管理处的烂泥滩，海拔高度为1244.1米，境内茶区所在的紫云山、挪步园旅游地，游客如云，前来避暑品茶的游人无不心旷神怡。经历了1300个春秋的禅林圣

图3-19　挪园青峰

地——东山五祖寺，背倚苍翠欲滴的天衡山白莲峰，如嵌在绿屏中的一颗黛玉，为吴山叠翠、楚水流红的东大地锦上添花，蜚声中外。

---

[1]　曹尚志.挪园青峰[M]// 王镇恒，王广智.中国名茶志.北京：中国农业出版社，2000：496-498.

挪园青峰茶，产于挪步园管理处的挪步园茶场。

挪步园本名"萝卜园"，因山高气清，土质肥沃，种的萝卜味甜脆爽而得名。明万历间，兵部尚书汪可受晚年隐居于此，建巢云寺，修书洞，教育子孙，颐养天年。他还亲自辟园种茶，自采自制自饮。每当黄昏，偕友踱步于曲径幽林，赏青茶之芬芳，听泉琴伴鸟唱，悠然自得，在这群峰环绕吐雾吞云的弯曲山路上挪步闲游，三步一走，两步一停，茶香缕缕，景色悠悠，实在是一种不可多得的雅致享受；再加上挪步园与萝卜园有谐音之趣，"挪步园"因而逐渐取代"萝卜园"之名而享誉四方了。挪步园山高岭峻，林深叶密，青峰似剑，巢云纳雾，簇露止珠，白瀑如玉，流莺鸣谷，白鹤翔空，紫云缥缈，宛若一幅天然的美丽画卷，有所谓"紫云雾雪"之奇观。其西近西山四祖寺，东邻东山五祖寺，南与江西庐山隔江相望，遥相竞秀。盛夏，山上紫云悠悠，凉风习习，宛若清凉的世外桃源，挪步园也因此有"小庐山"之美誉。

挪步园20多公顷的茶园，均分布在海拔800—1500米的高山上。茶区属北亚热带气候，气候温和，雨量充沛，10℃以上年积温达3800℃左右，年降雨量1700毫米，相对湿度80%以上，pH值4.5—5.7，表层多为砂质壤土，土壤有机质含量3.34%，全氮0.15%，碱解氮165毫克/千克，速效磷9.22毫克/千克，有效钾93.5毫克/千克，自古以来就是一块得天独厚的宜茶之地。

（二）历史沿革

挪步园产茶，始于唐代以前。相传陆羽曾两度登上挪步园，第一次为随方丈和尚探访印度僧人千岁宝掌和尚，并发现了紫云山产茶；第二次为天宝乙酉年（745），专程考察紫云茶和喷雪岩泉水，并在其《茶经·八之出》中记述："蕲州生黄梅县山谷。"黄梅县唐时属蕲州郡，而黄梅山谷则指挪步园。直到今天，挪步园仍留有陆羽"望茶石"遗迹。唐代斐汶所著《茶述》中，更是把以黄梅紫云茶为代表的蕲州茶列为第一类贡品。宋朝，由于茶叶生产的发展，朝廷在黄州、蕲州各县设立了榷茶场，黄梅榷茶场废于北宋景德二年（1005）。明嘉靖丁亥年（1527），香林和尚带头在紫云山、挪步园一带劈山开地，扩植茶树，该处至今还留有茶山、茶洼等地名。邻近三省朝拜紫云山老祖寺、巢云寺的香客，称此茶为"香林茶"。清代，茶农和僧人植制茶叶已成风气。黄梅戏《小和尚挖茶》，就是由紫云山采茶歌编成的。传说张天师的四位姑娘下凡扮成采茶姑娘采茶，同小和尚嬉戏对唱，被天师知道勒令她们回宫，四姐妹留恋茶园风景和小和尚的忠厚勤劳，在她们驾云雾飘然上天之际，从半空各丢下一条香巾，随风而下，变为四座青峰，矗立在群峰之间，后人称为"四女峰"。

因紫云山有"紫云霁雪"一景，故紫云茶又称雪山茶。清史料载："雪山茶，最佳。"清梅水田题词："茶同双井摘云腴。"王元之也题诗："甃石封苔百尺深，试尝茶味少知音。唯余夜半泉中月，留得先生一片心。"

民国期间，战祸连绵，挪步茶园毁多存少。中华人民共和国成立前夕，茶园不足 10 亩。

1949 年后，紫云茶引起了省地县各界领导的高度关注。20 世纪 60 年代中叶，集中了大量的人力物力、财力进行连续四个秋冬的艰苦奋战，挪步园终于开垦出 20 多公顷高山茶园，修通 20 千米盘山公路，使紫云茶得到迅速恢复和发展，并被称为"云雾茶"。

挪园青峰茶，是从 1988 年开始，在陆启清先生的指导下，地县农业局茶叶工作者和挪步园茶场共同协作，吸取传统精华，共同研制而成的。其茶纤细碧绿，形色如同挪步园清秀美丽的山峰。为怀念享有"天下清廉第一"之誉而晚年隐居挪步园的汪可受，弘扬其两袖清风的精神品格，取其"清风"之谐音"青峰"为茶命名。

挪园青峰茶自问世以来，一直备受青睐，连续四次获黄冈地区名优茶一等奖，1989 年获省农牧厅名优茶一等奖，1990 年获湖北省茶叶学会"陆羽杯"金奖，1992 年获"湖北名茶"奖，1995 年获中国农业博览会金奖，享有"挪园秀吴楚，青峰醉神州"之誉。

青峰茶属条形烘青绿茶，外形条索紧秀匀齐，色泽翠绿油润，白毫显露，香气清高持久，汤色清澈明亮，滋味鲜爽甘醇，叶底嫩绿匀整。

据中国农业博览会茶叶检评报告：该茶品质优异，特色突出，含茶多酚 27.3%，氨基酸 3.09%，总灰分 4.6%。

（三）采制技术

采摘：鲜叶要求细嫩、纯净、新鲜、匀齐。在谷雨前后采摘一芽一叶初展或一芽二叶初展，特级茶鲜叶要求芽长于叶或平齐，鲜叶采回后置通风处摊放 3—4 小时后加工，加工要求不过夜，现采现制。

杀青：锅温 140℃左右，投叶量 300—400 克，时间 7—8 分钟。杀青必须注意锅温，掌握先高后低的原则，后期手法要轻，适当理条，炒至叶质变软、清香显露时即可出锅。

轻揉：一锅杀青叶做一次揉，双手伸直，掌心相对，使茶叶在掌心来回搓揉，掌握"轻—重—轻"和"来轻去重"的原则，揉至茶汁稍出、初步成条为止，时间 5 分钟。

整形提毫：在不断受热的整形台上进行，温度 80℃，时间 20 分钟。两手掌心相对，捧茶，边搓边散，反复搓摊，至茶条紧秀、白毫显露、茶叶稍有刺手感，约八成干时，出台摊凉烘焙。

烘焙：在烘笼上分初烘和足火两次，温度由高到低。初烘，温度 80℃，时间 15—20 分钟，中间翻动 2—3 次，至九成干时凉 15 分钟，再上笼足烘；足火，温度 60℃，时间 25—30 分钟，中间翻动 1—2 次，烘至茶身满披茸毛，捻茶成末，含水量 5% 时为适度，出台摊凉，入库或出售。

六、大悟双桥毛尖

大悟双桥毛尖（图 3-20），产于湖北省大悟县的双桥镇一带的绿茶。1989 年在中国名茶评比会上，获"中国名茶"称号。

图 3-20　大悟双桥毛尖

大悟位于湖北东北部的丘陵山区。这里山谷绵延起伏，群山重叠，巨石林立，山花烂漫，溪流清澈，晴天雾罩日，雨天云接地，其中万泉寨、阮陀寺、天仙庵、罗汉岭一带，是双桥毛尖的主要产地。

每年清明至立夏是采制毛尖的黄金季节。如采时过早，因茶芽初萌，营养成分不足而滋味欠浓；过迟，则叶子过大而茶味不鲜。当茶园有 5%—10% 的芽叶达到标准时即进园开采，但这时只是有选择地拣棵采，俗称"跑尖采"。早期毛尖，就在这时开始加工了。

大悟双桥毛尖的制作工艺，分为生锅、熟锅和烘焙三道工序。

生锅即杀青。锅温 130—140℃，投叶 0.5—0.7 千克，鲜叶入锅后用专制的竹耙抖炒和滚炒，当芽叶基本成条，历时 3—5 分钟，转入炒熟锅。熟锅锅温为 80—90℃，初入锅时继续滚炒，以卷紧茶条，炒至六成干时，采用抓条和甩条相结合的手法，使茶条紧细圆光；最后放入凸形的竹制炕筐上，用木炭火烘焙，分初干和足干两次完成。烘至手捏茶条能成粉末，并显露清香和白毫时，即为足干适度。经摊凉和拣剔并稍加整理后，便可包装入库。[1]

成茶外形条索细紧、显毫，色泽翠绿，滋味醇厚，汤色黄绿明亮，香气清高持久，叶底嫩绿匀齐。

双桥毛尖具有独特的药理功效和保健作用。

药理功效：双桥毛尖中所含的秋水仙碱，能抑制癌细胞的增长，临床用以治疗癌症，特别对乳腺癌有一定疗效；对皮肤癌、白血病等亦有一定作用；对痛风急性发作有特异功效，12—24 小时内减轻炎症并迅速止痛，长期使用可减少发作次数。

养胃护胃：双桥毛尖是经过发酵烘制而成的，茶多酚在氧化酶的作用下发生酶促氧化反应，含量减少，对胃部的刺激性就随之减小了。双桥毛尖不仅不会伤胃，反而能够养胃。

护齿功效：美国伊利诺伊大学的研究显示，双桥毛尖能够防止牙斑、预防蛀牙及齿龈疾病。双桥毛尖能够产生这种效用，是因为其含有"多酚"的化学物质，生成一种黏性的胶状物，与牙斑中 300 多种细菌混合，并将它们固定在牙齿表面。

---

[1]　王镇恒，王广智.中国名茶志 [M].北京：中国农业出版社，2000：494-495.

第五节　鄂南低山丘陵茶区的湖北名茶

本区域位于长江中游南岸，其产茶范围主要包括鄂南低山丘陵。而行政区域范围包括：湖北的鄂州市、黄石市及咸宁市等 9 个县（市、区）。

生态环境：本区域地处中亚热带，年均气温 16—18℃，年均降雨量 1200—1600毫米，年平均相对湿度 80% 左右。区域境内有幕阜山及鄱阳、洞庭两湖开阔的湖积冲积平原，环湖多属 200 米以内的丘岗地，土壤类型为冲积土、红壤及黄棕壤，土层深厚而肥沃，是灌木型中小茶品种最佳适种区域和经济栽培区。[1]

名茶资源：本区域国家级及省区级茶树优良品种较多，均属灌木型茶树品系或品种，其中遗传资源性状优良的有 4 个，其余为栽培性状优良的品种，湖北省在本区域有主要产名茶县（市、区）4 个，名茶为 5 个。其中，历史名茶 3 个，即碧涧茶、松峰茶和湖北青砖；当代名茶 2 个，为金竹云峰、鄂南剑春。（详见表 3-5）

表 3-5　鄂南低山丘陵茶区的湖北名茶 [2]

名称	属性	茶类	创制时间	主要产地
碧涧茶	历史名茶	绿茶	北宋	产于松滋县西部
松峰茶	历史名茶	绿茶	明代	赤壁市羊楼洞茶场
金竹云峰	当代名茶	绿茶	20 世纪 70 年代	阳新县幕阜山一带
鄂南剑春	当代名茶	绿茶	20 世纪 70 年代	鄂南咸宁地区
湖北青砖	历史名茶	黑茶	清代乾隆年间	赤壁市羊楼洞一带

---

[1]　王广智 . 中国茶类与区域名茶 [M]. 北京：中国农业科学技术出版社，2003：72.

[2]　根据陈宗懋主编的《中国茶经》和王广智的《中国茶类与区域名茶》等文献整理。

我们从表 3-5 中选取碧涧茶、松峰茶、鄂南剑春和湖北青砖 4 种名茶，分别简介如下。

一、碧涧茶[1]

碧涧茶（图 3-21）亦称"松滋碧涧"，是产于湖北松滋的恢复历史名绿茶。

（一）自然环境

松滋市地处长江中游南岸的湖北西南边缘，北枕长江，南接武陵，位于北纬 29°53′—30°22′与东经 111°14′—120°02′。东部与荆州市、公安县接壤，南邻湖南的澧县、石门县，西与五峰县、枝城市交界，北与枝江县相连。地势地貌多姿，西部是海拔 500—1000 米的山地，中部是丘陵岗地，东部是平原湖区；属亚热带气候，气候温和，雨量充沛。茶树生长季节为 4—9 月，月平均气温 22.3℃，月平均降水量在 100 毫米以上。土壤为丘陵黄土，pH 值为 5—6，有机质含量 2.1%。茶树分布在库容量为 7000 立方米的李桥水库南岸。茶树的立地生态环境优越。

图 3-21　碧涧茶

---

[1]　胡学华.碧涧茶 [M]// 王镇恒，王广智.中国名茶志.北京：中国农业出版社，2000：488-490.

（二）历史沿革

碧涧茶历史悠久，久负盛名。据史料记载，碧涧茶起于唐代，兴于宋朝。北宋地理名著《太平寰宇记》（980）载："荆州土产茶，松滋县出碧涧茶。"王存的《元丰九域志》（1080）载："荆湖北路、江陵府江陵郡土贡碧涧芽茶六百斤。"《宋史·地理志四》（1345）载："江陵府贡绫、纻、碧涧茶芽、柑桔。"唐代张籍在《送枝江刘明府》的诗中，有这样的描写："定访玉泉幽院宿，应过碧涧早茶时。"《松滋县志》（同治本二卷）载："唐，松滋属江陵府，江陵郡列第六。""宋，松滋属荆湖北路，列第五。""疑笔架寺为唐碧涧寺，俗语讹为笔架。"《荆州府志》卷四载："笔架山，在县城西南四十五里，三峰屹立，形似笔架，秀色天然。"（按：笔架山、笔架寺在今松滋市麻水乡桠权村，笔架山依旧，笔架寺在 20 世纪六七十年代被毁。）以上历史资料说明，早在唐宋时期，松滋就生产碧涧茶，而且是难得的珍品，曾扬名荆楚华夏，可惜的是 1949 年前濒于灭绝。

1984 年，在湖北省有关专家的大力支持下，松滋市的茶叶科技工作者在史料中查无有关碧涧茶品质特征资料的情况下，精心设计，精心制作，在碧涧茶的历史产地——桠权茶场恢复创制碧涧茶并一举成功。1986 年投入批量生产，1987 年注册"碧松"商标，古老而闻名的碧涧茶终于焕发了青春，以崭新的姿态再次跻身于琳琅满目、争奇斗艳的茗苑之林。

碧涧茶问世以来，备受消费者的青睐。生产碧涧茶的茶园 70 公顷，年产量 3 吨以上，商品率 98%。1992 年每千克售价 120 元，1996 年每千克上扬到 300 元，仍然畅销。产品销往北京、上海、武汉、黑龙江、荆州等地，产品一直供不应求。

（三）采制技术

采摘：清明前后采摘福鼎大白茶的一芽一叶和一芽二叶初展的嫩绿色芽叶，芽长不超过 3 厘米，叶抱芽。选采要做到"六不采"，即芽叶色淡不采，紫色芽叶不采，叶不抱芽不采，大于 3 厘米的芽叶不采，病虫为害叶不采，雨水芽叶不采。据检测，500 克碧涧茶有 5.5 万个芽头。一个每天能采 50 千克普通鲜叶的采茶能手，一天最多能采 2.5 千克的碧涧茶鲜叶，可谓采摘之精细，选料之严格，差不多到了无以复加的程度。

摊青：采回的鲜叶摊放在洁净的竹匾内，厚度不超过 10 厘米，每隔 1 小时轻翻一次，摊放 3—4 小时，发出茶香，至鲜叶失水 20%，方可付制。

杀青：锅温 150—180℃，投叶量 200 克，采用抖炒手势，多抖少闷，3—4 分钟，以叶色暗绿、叶质柔软、茶香逸出为度。杀匀杀透，无红梗红叶，不焦边。

搓揉：杀青适度后，锅温降至 80—100℃，先用带的手势理顺茶条，再用悬手搓揉法，取平行搓揉手势，先轻后重再轻，搓揉至杀青叶上条。

做形：做形是形成碧涧茶特有外形的关键工序。灵活运用"抖、带、抓、搓"等手法，手势随火候及茶条含水量的变化相应转换，整个做形工序，手不离茶，茶不离锅，手势紧凑连贯，一气呵成。其程序是：杀青叶上条后，锅温降至 70—80℃，反复使用"抖、带、抓、搓"等手势，将茶条逐步做成紧细圆直、翠绿显毫的外形。茶条定型后，炒至茶条爽手不刺手时出锅，出锅前用带的手势理顺茶条，顺势摊在瓷盘上，摊凉 30 分钟后再干燥。

干燥：经摊凉的茶叶，两锅合一锅进行干燥，锅温 50—60℃，用带、抓的手势轻轻炒动，炒至茶条干燥程度约九成，锅温升至 80℃，用旺火提香，轻炒 1—2 分钟，茶香四溢立即出锅，略经摊凉，及时割末包装。

（四）名茶文化

松滋市素有抽"毛把烟"，饮"砂罐茶"的习惯。全市约半数以上的人喜欢喝茶，不仅自己喝，也用以待客。客来了一定要端茶递烟，正是遵从"客来敬茶"的礼俗。松滋人喝茶的方法比较特别，不是用杯子冲泡，而是用砂罐煮。这里家家户户都有火炕，饮茶前，将泡茶的砂罐烘干后放入茶叶再烘烤，然后倒入开水，放在微火中继续烘煮，待罐内清香四溢，即开始饮用。群众认为按这种方法冲泡的茶叶，气味纯正，格外醇香，能提神醒目，舒筋活血，增进食欲，有助消化。近年来"砂罐茶"逐步为"盖杯茶"所取代，但逢年过节和秋冬季节，不少农户仍习惯饮用"砂罐茶"。由此可见松滋市不仅有着悠久的饮茶传统，更可见历史上这里的产茶盛况。

碧涧茶属条形炒青绿茶类。该茶品质风韵独特而稳定，既有松针挺直的风韵，又有毛尖显毫的风貌，还有珍眉"三绿"的风格。碧涧茶外形条索紧秀圆直，翠绿显毫,内质清香、持久,滋味甘醇,汤色碧绿明亮,叶底嫩绿匀整。碧涧茶冲泡后,芽叶徐徐舒展,翩然有韵,宛如姝女初醒,芙蓉颔首,继而细芽轻绽,柔蕾徐放。随着热气蒸腾,朵朵芽叶上下沉浮,颇具白云翻滚之势,雪花飞舞之态。再看茶汤,碧绿清澈,色如翡翠,呷上一口,立时唇齿溢香,回味隽厚,味中有甘,闭目体味,心旷神怡。真可谓:"饮之舌根尽留芳,香馨回九肠。"

碧涧茶1991年获省优二等奖,1992年荣获"湖北名茶"的美称,1996年被列为"荆州五大名茶"之一,相继收入《中国茶叶》杂志、陈椽教授主编的《中国名茶》、陆启清主编的《湖北名优茶》、农业部全国农业技术推广总站主编的《中国名优茶选集》等书刊。

二、松峰茶

松峰茶(图3-22),因产于蒲圻(今赤壁市)羊楼洞的松峰山而得名,属绿茶类,为湖北传统名茶。

图 3-22　松峰茶

蒲圻有悠久的茶叶栽培与加工的历史。松峰山上被誉为"松峰茶王"的两株近达丈高的古亲本,至今枝叶繁茂,清香沁人。它们因为松峰山肥沃的土壤、适中的雨量和温和的气候等得天独厚的自然条件,而长盛不衰。

传说很早以前,每到清明佳节、绿茶萌芽的时候,就有十位茶花仙女来到松峰山上,采摘新茶。她们用嘴将嫩叶一芽一芽地从树上含下来,吐入五彩缤纷的茶篮中。有位茶商专门收集仙女采摘的鲜叶,请来名师巧匠精心加工配制,制成极为珍贵的"仙女茶"。茶叶色绿形美,香高味醇。每泡一杯绿茶,揭开杯盖,随着迷漫的香雾,便影现出一位美丽的仙女的身姿,翩翩起舞。从此,松峰茶誉满神州,传播国外。1883年,沙俄帝国从南楚的茶叶之乡赤壁运去松峰茶苗

1 万余株，栽培在格鲁吉亚的查伐克，数年之后，绿茶铺岭漫坡，流芳滴翠，使得松峰绿茶驰名于世，香韵流芳。

松峰茶的采摘和制作都有严格要求，工艺十分讲究。湖广总督张之洞曾亲自推广《种茶炙焙法》，要求湘鄂两省多山各县仿照试行。每年只能在清明前后 7—10 天采摘，采摘标准为春茶的首轮嫩芽。而且规定雨天不采、风伤不采、开口不采、发紫不采、空心不采、弯曲不采、虫伤不采等"九不采"。叶片的长短、宽窄、厚薄均以毫米计算，一斤松峰银针茶约需 50000 个茶芽。

松峰茶的制作工序，分杀青、摊凉、初焙、初包、再摊凉、复焙、复包、焙干八道工序，历时三四天之久方可制成。加工完毕，按芽头肥瘦、曲直、色泽亮暗进行分级，以壮实、挺直、亮黄者为上；瘦弱、弯曲、暗黄者次之。

松峰绿茶其风格独特，色泽翠绿，形如松峰，香气清高，汤色清澈明亮，叶底嫩绿均齐，条形紧结匀整，是羊楼洞茶场的拳头产品。经质检部门检测，农药残留低于国家标准。常饮此茶，能清心明目、提神健身、延年益寿，该茶兼有防辐射、防癌之功能。

三、鄂南剑春 [1]

鄂南剑春（图 3-23）为新创名茶，创制于 20 世纪 70 年代，属绿茶类。

（一）自然环境

鄂南剑春茶产于湖北咸宁地区诸县市。该地区位于长江以南，是湖北的南大门，位于北纬 29.4°，东经 114°，海拔最高 951 米，茶

图 3-23　鄂南剑春

[1]　宗嵩山.鄂南剑春 [M]// 王镇恒，王广智.中国名茶志.北京：中国农业出版社，2000：503-504.

区包括咸宁、蒲圻（今赤壁）、通城、嘉鱼、崇阳、通山、阳新共七个县市。境内地势起伏，有山有水，还有丘陵和平地。鄂南剑春的产地分布在幕阜山脉北麓老茶区的九宫山、岳姑山、松峰山、大幕山及温泉、陆水、青山等山水胜地。

鄂南自古以来就是著名的茶叶之乡，中华人民共和国成立初期被国家划为"老青茶"产区，生产著名的川字牌砖茶，因供应内蒙古、新疆而誉满中外，而且自唐宋以来，历代都有名茶传誉中华。

鄂南地处长江南岸，气候属于亚热带北缘地带，年均降雨量 1516 毫米，主要集中在 4—9 月，年平均温度 16.8℃，最高温度 39℃，最低温度－6℃，无霜期为 254 天。土壤为花岗岩分化的黄红壤，其余为砂质壤土，pH 值 4.5—6.5，土壤有机质含量丰富。源于九宫山各脉的富水、陆水、淦水流入长江，中途形成王英、富水、陆水、青山、南川等大水库和西凉湖、黄盖湖、网湖、三湖连江的景观，湖泊溪流密布，塘堰成群，矿泉和地下水纵横交错，丰富的水域资源滋润了鄂南几万公顷茶园。这些山峻水美的地方，云雾缭绕，泉水叮咚，土肥石秀，松青竹翠，其优越的生态环境，是茶叶生长的理想地带，是鄂南剑春茶内质优品位高的天然条件。

（二）历史沿革

从 20 世纪 60 年代开始，以高级农艺师宗嵩山为首的一批茶叶科技工作者在咸宁市浮山茶场进行剑春茶的研究，通过挖掘整理咸宁地区历史名茶的资料，吸收传统精华，突出当地特点，引进先进技术，经过反复试验，反复研究，终于研制出"剑春"名茶。

"壮志未酬三尺剑。"剑春茶外形扁平尖削似唐代诗人李频诗中描绘的"三尺剑"，加之生长采制于融融春日，也正是唐代诗人白居易喜爱之绿茶；剑春茶又得咸宁地区的清山丽水润泽，生于古楚腹地，产于湖北南端，故命名为"鄂南剑春"。

鄂南剑春茶的鲜叶原料来源于本地区的良种茶园，其良种均是 20 世纪 70 年代引进的福鼎大白、龙井 43、福云 6 号等品种，但大部分是福鼎大白种子直播的群体种。由于重视对茶园的水肥管理，下足基肥，多施有机肥，推广无农药公害茶叶的综合防治病虫害技术，保证了鲜叶优良的自然品质。加之引进品种繁多，芽叶肥壮，具有剑春茶的适制性。

剑春茶感观品质特征是扁平挺直，尖削似剑，芽峰显露，颜色翠绿，边缘微黄，油润光滑，多茸球，香气清鲜持久，滋味醇厚甘爽，汤色嫩绿明亮，叶底嫩绿明亮成朵。

鄂南剑春茶的理化品质经湖北农科院农业测试中心测定：六氯环己烷含量为0.0134毫克/千克，双对氯苯基三乙烷含量为0.003毫克/千克，铜含量为0.2105毫克/千克，铅含量为0.12毫克/千克。

鄂南剑春在研制期间，著名茶叶专家庄晚芳、张堂恒、刘祖生、钱梁、陆启清等先后品尝、审评了该茶，并提出了许多改进意见，使剑春茶的品质不断提高。1986年起咸宁市浮山茶场所制的剑春茶，参加中国商业部在福州市主持召开的全国名优茶鉴评会，以97.28分获扁形茶类最高分，被评为"中国名茶"；1988年获湖北省人民政府科技进步三等奖，同年又获中国首届食品博览会银质奖；1989年获首届北京国际博览会银质奖；1991年在中国杭州国际茶文化节上被评为"中国文化名茶"；1992年被评为"湖北名茶"，同年获香港国际食品博览会金奖；1994年，先后编入《湖北名优茶》《中国名优茶选集》等书。

在咸宁地区全面推广后，鄂南的许多茶场都能生产高质量的剑春茶，全区共有茶园1万多公顷，大小茶场1500多个，年产剑春茶近100吨，市场活跃，价格坚挺，尤其在清明前后生产的剑春茶十分走俏，供不应求。不仅主销本地区及武汉、北京、上海、广州、香港、澳门等大中城市，还远销新加坡等国，年产值达1000多万元，创外汇达10多万美元，尤其以咸宁市浮山茶场生产的鄂南剑春茶品质最优。蒲圻羊楼茶场生产的鄂南剑春茶曾多次获湖北省优质产品奖；通山土桥茶场、通城大柱茶场、阳新茶叶试验场、蒲圻羊楼司茶场生产的鄂南剑春茶也在"鄂南十大名茶"之列；此外，咸宁市贺胜茶场、柏墩茶场、通城大坪茶场、崇阳跑马岭茶场、桂花茶场、阳新金竹尖茶场、咸宁地区茶科所及阳新军垦农场等生产的鄂南剑春茶都是优等茶。

（三）采制技术

采摘：1000克剑春茶约需10万颗芽头，采摘标准相当严格。采摘的气候、时间不同，成茶品质就有差异。一般以阴天及晴天采摘较为理想，要求单手提采，采时手不紧握，篮内不挤压，随采随放，尽量减少损伤。特级剑春茶以一芽一叶初展鲜叶为原料，不采紫红、墨绿色、病虫叶及蛀芽、单叶片，要求芽叶肥壮，柔嫩匀齐，茸毛多，节间短，色泽黄绿一致，芽长于叶，其芽叶的长度以 2.5—3 厘米为好，制成的剑春茶外形匀齐，茸球多，形似宝剑佩球，一经冲泡，芽叶徐徐舒展，朵朵匀齐，如盛开花朵。

摊放：鲜叶采回后应及时摊放在干燥通风处，切忌堆放，摊放厚度以每平方米 1.5 千克为宜，摊放时间要结合当天当时的气候情况而定，一般为 6—12 小时，摊放至芽叶发软，芽峰自然舒展，青草气消退，含水量 65%—68% 为适度，鲜叶在摊放过程中，轻翻 1—2 次。

剑春茶的加工制作是采用电炒锅，其工艺分为青锅和辉锅两大部分：青锅前段为杀青，后段为理条；辉锅主要分整形和磨光。

杀青与理条：一般杀青温度应控制在 100—120℃，而且要掌握先高后低的原则。投叶量控制在 100—150 克，鲜叶未下锅前，在电锅内打上制茶专用油，鲜叶下锅后，要灵活地变换操作手法，使其均匀受热，采取轻搭、轻抹、抖匀、抖齐的方式。当鲜叶在锅内炒 6—7 分钟，爆点声消失，叶色由青转绿，散出清香，叶呈平直状态时要略为降温。此时的炒法要尽量把锅内茶叶抓握在手中，轻轻抖齐抖顺，再转为搭、抹手法，稍加压力，使茶叶逐步形成扁、平、直，而且相对定形降低锅温。搭和抹要用力，茶叶在力的作用下，逐渐光滑。当手中的茶叶一散即开，落锅有声，茶叶挺直匀齐即可起锅。起锅的茶叶及时抖落在备用簸箕中摊凉，均衡水分，以利整形干燥。

干燥与整形：其手法，前段与杀青一样，以搭、抹手法变换操作，后段主要是抓、推、炒。在干燥前期温度不能太高。要用力搭、抹，使茶叶在重力的作用下条线匀齐，色泽一致。后段磨光，运用抓、推、炒，温度依次提高，手抓茶叶要齐而平，切忌乱抓、乱堆，扭折茶条，损坏芽峰，增加碎末。具体炒法：温度控制在 50—60℃，一次投入 200 克左右的摊凉叶，经过轻抖、轻抹使茶叶均匀受热，当茶叶软绵一致时，第一次加温至手心有较热的感觉，把锅内大部分茶叶握在手中，只抖落杂乱茶叶，手里茶叶不要松动，搭抹用力要重。炒至有少许茶叶茸毛开始脱落，进行第二次加温，达到有烫手感觉，再转入抓、推、炒，动作要先快后慢。由于茶叶在频繁往复的推力和摩擦力的作用下，茶叶茸毛渐渐脱落呈珠粒，粘附锅壁四周，茶叶慢慢透出翠绿颜色，此时，轻抓、轻推 2—3 分钟，待翠绿颜色完全透出，茶条直匀齐而光滑，挺秀尖削，含水量 5% 左右，即可起锅。

包装与贮藏：炒制成功的剑春毛茶，用四孔、五孔圆筛，把筛面茶，继续用抓、推、炒的手法进行炒制再行分筛，反复数次后，将茶头单独处理或降级拼配，割出片末，簸去单片碎末，即可拼配包装。

剑春茶用油皮纸包装，每袋 0.5 千克，存放于大肚缸或白铁箱内。在装茶的容器内放生石灰袋，每隔 15—30 天换石灰一次，可以长期保存。随着科技的进步，鄂南剑春茶的包装按市场的变化不断地更新换代，在保持本地区特色的基础上，向外向型、精致型、多样型发展，50 克、100 克包装及各种条装、组合装、复合保鲜装、铝塑复合材料包装，并采用真空抽氧充氮、封入除氧剂等先进保鲜技术，保鲜期长。将这些包装好的鄂南剑春茶，采用生石灰和冰箱、冷库低温贮藏法存储，保鲜期可达一年以上。

四、湖北青砖

湖北青砖（以下简称青砖茶）（图 3-24）是湖北省唯一的黑茶类传统历史名茶，主要产于湖北省咸宁市的蒲圻（今赤壁市）、咸宁、通山、崇阳、通城等市、县，已有百余年的历史。

（一）湖北青砖茶的产地条件

1. 地理环境

鄂南及鄂西南茶区地处长江中下游南岸，位于东经 113°32′—114°13′、北纬 29°28′—29°59′ 的长江上游与中游的结合部，鄂西秦巴山脉和武陵山脉向江汉平原的过渡地带，地势西高东低，地貌复杂多样，境内有山区、平原、丘陵，大致构成"七山一水二分田"的格局。

图 3-24　青砖茶

2. 气候特征

该茶区地处亚热带，属海洋性季风气候。由于地理位置、大气环流、地形的相互作用，雨量丰富，光照充足，气候温和，四季分明，无霜期长。年均日照时数2300 小时，日照率 41%，年均气温 16.9℃，全年无霜期 238 天，年降雨量 1500—1800 毫米。

3. 土壤特点

茶区内多为黄棕壤，以微酸土壤为主。土壤含有钾、钙、铁、硼、镁、钼等多种微量元素；土壤含水适中，通气性好。茶园多位于红色、黄色酸性土壤覆盖的平原、缓丘地带，pH 值和盐基饱和度较低，是高品质茶叶的理想产地。

4. 历史渊源

鄂南地区茶事甚早。传说三国时，神医华佗曾在此采茶作药。晋代陶潜的《续搜神记》有载："晋武帝宣城人秦精，常入武昌山采茗。"晋代道学家、医家葛洪曾在赤壁葛仙山、黄葛山、随阳山等处修行十余年，采茶煮茶，潜心著述。唐代，鄂南茶叶种植广泛，《太平寰宇记》云："鄂州蒲圻、唐年（今崇阳、通城）诸县，其民……唯以种茶为业"；陆羽的《茶经》和毛文锡的《茶谱》均有记载。宋代实行茶马交易及榷茶，鄂南产茶更盛，当时的茶叶品类片茶，即今洞庄砖茶之雏形。元明时，鄂南已成为湖广区域最重要的产茶区域。明代中期，为了茶马贸易的需要，当时产于蒲圻、咸宁、崇阳、通山、通城及湖南临湘一带的老青茶，运至羊楼洞（今赵李桥）加工成圆柱形状的帽盒茶（今赵李桥青砖茶之滥觞），大批销往内蒙古等边疆地区，羊楼洞即成为鄂南茶产销集散中心。清代，羊楼洞供边销的帽盒茶制造业更加兴盛。乾隆晚年，山西茶商进入羊楼洞设三玉川、巨盛川等茶庄制茶，每年生产帽盒茶 40 万千克；鄂南的崇阳也成为重要的红茶产区和湖北著名的茶市。道光年间，广东帮茶商到羊楼洞收购精制红茶。1840 年，羊楼洞有红茶号 50 多家，年制红茶 5 万担，供出口欧洲。清代中后期，随着制茶技术的改进，道光末年已有成形的青砖茶出现。同治光绪之际，羊楼洞进入茶事极盛之期，年销往西北砖茶可达 30

万担以上，有"小汉口"之称。[1]

20世纪初，俄商将德国报废的蒸汽机火车头拉到鄂南羊楼洞，将其蒸汽锅炉部分改造用来蒸茶和烘干砖茶，利用其动力压轴原理改做压机压制砖茶，为了纪念这一历史性工业革命，俄商将"火车头"图案压印至米砖茶表面，"火车头"商号诞生。20世纪二三十年代，羊楼洞青砖茶生产工艺已极成熟。抗战爆发后，羊楼洞被日军铁蹄践踏。1945年8月15日日军无条件投降，民国政府接管日伪资产，成立民生茶叶公司下属鄂南砖茶厂。1949年7月中旬，中南军政委员会派遣军事代表率员接收国民政府湖北民生茶叶公司鄂南茶厂，成立中国茶叶公司羊楼洞砖茶厂。1953年，企业自羊楼洞迁至赵李桥，更名为"中国茶业公司赵李桥茶厂"[2]。

青砖茶，清代在蒲圻羊楼洞生产，因此又名"洞砖"。青砖茶的砖面印有"川"字商标，所以又叫"川字茶"。近代，青砖茶移至蒲圻赵李桥茶厂集中加工压制，但并没有把"桥砖"作为它的别称。1910—1915年为青砖茶历史上的全盛期，包括湖南、江西流入的一部分原料所制的砖茶在内，其最高年产量达到48万箱（每箱54千克）；后因战祸迭起，销路阻隔，产量锐减。直到20世纪50年代，国家大力扶植边销茶生产，使老青茶生产恢复了生机，1977年其产量达到8000吨。1978—1982年由于边销市场需求发生变化，年产量下降至5000吨以下。1983年产量又恢复到7000吨。近些年，产量均维持在数百吨。

（二）加工工艺

青砖茶以老青茶为原料，经压制而成，外形为长方形。青砖茶的压制分三四面、二面和里茶三个部分。其中三四面，即面层部分质量最好；最外一层称洒面，原料的质量最好，最里面的一层称二面，质量稍差，这两层之间的一层称里茶，质量较差。一二级老青茶为面茶。

青砖茶属后发酵的黑茶类，是以成熟新梢为原料，先加工成晒青毛茶，然后经过渥堆发酵、干燥、再拼配、蒸压成型、低温长烘、陈化等加工工序，形成青砖茶

[1] 孙志国，定光平等．羊楼洞砖茶的地理标志与文化遗产[J]．浙江农业科学，2012（10）：1474-1477.

[2] 孙志国，定光平等．羊楼洞砖茶的地理标志与文化遗产[J]．浙江农业科学，2012（10）：1474-1477.

独特的品质特征：色泽青褐，香气纯正，汤色红黄，滋味香浓。

（三）保健功效

渥堆发酵是青砖茶品质形成的关键工序。在这个过程中，原料同时受到湿热作用、微生物作用和酶的作用，内含成分较原料发生了显著变化。因此青砖茶不仅可以减少体内脂质沉积，同时还可以降低脂质过氧化，从而对心血管起到保护作用。饮用青砖茶时，需将砖茶破碎，放进特制的壶中加水煎煮，茶汁浓香可口。这样做具有清心提神、生津止渴、化滞利胃、杀菌收敛、治疗腹泻等多种功效。陈砖茶效果更好。

青砖茶历史上属边销茶，主要销往内蒙古、新疆、西藏、青海等西北地区和蒙古国、格鲁吉亚、俄罗斯、英国等国家。在清朝茶叶国际贸易中，其主要销往俄罗斯的西伯利亚地区。近年，湖北青砖茶的精品砖茶往往选用天尖毛茶压制，又成为减肥美容、追求情趣者的新宠。

第四章　湖北名茶冲泡技艺

泡好一壶茶，主要有四大要素：一是茶水比例，二是泡茶水温，三是浸泡时间，四是冲泡次数。

茶叶中的化学成分是茶叶色、香、味的物质基础，其中多数能在冲泡过程中溶解于水，从而形成了茶汤的色泽、香气和滋味。泡茶时，应根据不同茶类的特点，调整水的温度、浸润时间和茶叶的用量，从而使茶的香味、色泽、滋味得到充分发挥。

第一节　湖北绿茶类名茶冲泡技艺

绿茶是我国六大基本茶类中产量最大的茶类，占全国茶叶总产量的七成以上。湖北是绿茶大省，2016 年湖北茶叶总产量 29.6 万吨，其中绿茶就占了近 20 万吨，占当年湖北茶叶产量的近七成。

绿茶也是中国六大基本茶类中外形变化最丰富的茶类，有扁平形、卷曲形、颗粒形、兰花形、针形、单芽形、眉形等。

绿茶品种丰富、外形各异、品质独特。我们在冲泡绿茶时，须根据绿茶的品种、外形、品质，选用适宜的茶具如玻璃杯、盖碗或茶壶，采用相应的冲泡方式，如上投法、中投法和下投法。上投法：先将杯具温热，倒入 85℃左右的开水至七八分满，然后投入适量的茶叶即可；中投法：分两次冲泡，先将杯具温热，即注入约为杯身 1/3 量的 85℃左右的开水，投入适量的茶叶，摇动杯具使茶叶充分受热，然后再注入开水至七分满即成；下投法：先将杯具温热，投入适量的茶叶，注入 85℃左右的开水即可。一般壶泡法，宜使用下投法。那么，面对众多的绿茶品种，我们应该怎样选择适宜的茶具并采用合适的冲泡方式呢？[1]

一、玻璃杯冲泡法

适合用玻璃杯冲泡的湖北绿茶，一般是具有观赏性的名优绿茶，如单芽型或一芽一叶或二叶的采花毛尖、梅子贡茶、竹溪龙峰、水镜茗芽、隆中银毫、龟山岩绿、英山云雾、昭君白茶等。

冲泡这些名优绿茶时，选用无花无色的透明玻璃杯，便能欣赏到茶叶在杯中上下飘然起舞的姿态和漂亮的外形。冲泡名优绿茶，最好采用中投法冲泡。此方法有利于茶叶香气挥发、茶叶舒展及茶叶内含物浸出。冲泡水温一般掌握在 85℃左右，茶与水的比例为 1：50（即 1 克茶叶用 50 毫升开水冲泡）。普通玻璃杯的容量一般为 220—250 毫升，可投茶叶约 4 克，冲至玻璃杯七分满即可。需要提醒的是，实际泡茶时，一定要根据客人对茶汤浓度的要求投茶。泡茶时，要注意及时续水。因为在茶叶浸泡 2—3 分钟时即有约 50% 的内含物质被浸出。为了均匀茶汤浓度，在茶汤喝至 1/3 时就要及时续水，可续水 2—3 次。这样，我们在品茶时，每一杯茶汤都是浓淡相宜有滋有味的。

玻璃杯冲泡法示范：

---

[1] 张莉颖. 茶艺基础 [M]. 上海：上海文化出版社，2009：64.

（一）备具

（二）注水烫杯

（三）温杯（1）

（四）温杯（2）

（五）注水入杯

水温 85—90℃，水量约为 1/3。

（六）赏茶

（七）投茶

（八）摇香

（九）闻香

（十）高冲

（十一）赏形观色

（十二）奉茶

在湖北省所辖的武汉、襄阳、宜昌、荆州、黄石、十堰等一些城市，人们爱好品饮细嫩名优绿茶，既要闻其香啜其味，还要观其色赏其形。因此，特别喜欢用玻璃杯泡茶。在玻璃杯的款式、色彩和质量方面，人们更喜欢选用晶莹剔透、泡茶时便于观赏的素色玻璃杯。那些印有各式各样花纹和图饰的玻璃杯，因其外形美观，也得到了广大茶友们的喜爱。

二、盖碗冲泡法

盖碗又称"三才杯（碗）"。所谓"三才"，即杯托为地、碗杯为人、杯盖为天。盖碗的包容性很强，可用来冲泡各种茶类。盖碗不仅适合冲泡绿茶，还适合冲泡红茶、黄茶、白茶、花茶、黑茶和乌龙茶。我们可以根据不同的茶类，选择不同容量的盖碗冲泡。如110毫升的小盖碗，多是冲泡乌龙茶的专用茶具；而250毫升的大盖碗，则适合冲泡其余各大茶类。[1]

峡州碧峰是中国传统名茶，也是湖北著名的烘青绿茶，因产于湖北宜昌市长江三峡一带而得其名。峡州碧峰外形松散，形似兰花，冲泡后茶叶常浮于汤表而不易下沉。选用盖碗泡茶，既可保持茶汤的清香，还方便品饮。饮茶时，可以碗盖拨开浮在茶汤表面的茶叶，以便品饮茶汤。

适合用盖碗冲泡的绿茶还有昭君白茶、竹溪松峰、恩施玉露、仙人掌茶，等等。

盖碗冲泡法示范：

选用220毫升的大号盖碗，绿茶为峡州碧峰，用85—90℃的开水冲泡，茶水比为1∶50，即每杯投大约4克茶，用200毫升的开水冲泡。

---

[1] 张莉颖. 茶艺基础 [M]. 上海：上海文化出版社，2009：71.

（一）备器

（二）润碗

（三）把碗

（四）沥水

（五）赏茶

（六）投茶

（七）注水

（八）闻香

（九）高冲

（十）品茶

需要注意的是：用盖碗泡茶时，注意开水注入茶碗不能太浅，以八分满为最佳。我们选用盖碗泡茶：一是用碗盖挡住浮在茶汤表面的茶叶，方便喝茶；二是可以保持茶汤香气。如果开水注入茶碗太浅的话，碗盖挡不住漂浮的茶叶，茶叶就容易入口。[1]

盖碗冲泡法也可以用来冲泡湖北大宗绿茶。

湖北大宗绿茶一般比较粗老，外形比较粗糙。因含有较多的茶多酚和咖啡碱，所以茶汤的苦涩味较重，浓度较高。冲泡湖北大宗绿茶时，可适当增加茶与开水的比例，如 1 克茶用 60 毫升左右的开水冲泡，或者冲泡后缩短浸泡时间，这样就能起到一定的调和茶汤滋味的效果。

当然，冲泡湖北大宗绿茶要用较高水温，否则会影响茶叶中香气物质的挥发。我们也可以使用壶泡法冲泡。

选容量大约为 500 毫升的瓷壶，先用开水温热瓷壶和品茗杯，然后投入 5—6 克湖北大宗绿茶至壶中，用 90—95℃的开水定点高冲至壶中七分满，浸润一两分钟后出汤，将茶汤均匀地分入三个品茗杯中。壶中留一些茶汤，以便第二次冲泡保持茶汤浓度。一般用瓷壶泡茶，可冲泡 2—3 次。

---

[1] 张莉颖 . 茶艺基础 [M]. 上海：上海文化出版社，2009：77.

三、恩施玉露盖碗茶礼

（一）欢迎词

"清江旖旎南流去，从来佳茗似佳人。"恩施玉露是我国的传统名茶，产于湖北恩施市南部的芭蕉乡及东郊五峰山，是湖北第一历史名茶。

恩施玉露是我国保留下来的为数不多的蒸青绿茶，是国家地理标志产品和国家地理标志商标，20世纪60年代就被列为"中国十大名茶"之一。它创制于清康熙年间，因其汤色绿亮、晶莹剔透而得名，被称为"玉绿"，民国时期改为"玉露"。其工艺始于唐，盛于明清，曾与"西湖龙井""黄山毛峰"并列为清代名茶。

关于恩施玉露，有一个美丽的传说：清朝康熙年间，恩施芭蕉黄连溪蓝姓茶商的茶店生意不好，濒临倒闭。他的女儿蓝玉和蓝露为了替父解忧，就相伴上山采茶，俩姐妹历时半月采得两斤色绿匀细、状如松针的芽叶。回到家中立即垒灶研制新茶：先将茶叶蒸汽杀青，再用扇子扇凉，烘干；然后，蓝玉揉捻，蓝露再烘，烘至手捻成末、梗能折断；最后拣除碎片、黄片、粗条、老梗及杂物，用牛皮纸包好，置石灰缸中封藏。姐妹俩花了八天八夜制成了上好的茶叶，父亲品尝之后赞不绝口，即以女儿的名字将茶命名为恩施玉露。恩施玉露一传十十传百，名扬天下。

恩施玉露，以独具的蒸青工艺和"搂、搓、端、扎"四大造型手法，及形似松针的外形特点著称于世。高级玉露，采用一芽一叶、大小均匀、节短叶密、芽长叶小、色泽浓绿的鲜叶为原料，经由蒸青、扇凉、炒头毛火、揉捻、炒二毛火、整形上光、烘焙、拣选等工序制成，条索紧圆光滑，纤细挺直如针，色泽苍翠绿润，被誉为"松针"。经沸水冲泡，芽叶复展如生，汤色嫩绿明亮如玉露，香气清爽，滋味醇和。观其形，赏心悦目；饮其汤，沁人心脾。

恩施州是我国硒元素的富集区之一，有"世界硒都"之称。硒元素已被世界公认为人体重要的微量元素。据中国农科院茶叶研究所测定，恩施玉露除了富硒，还含有丰富的叶绿素、蛋白质、氨基酸和芳香物质，是优质的营养保健茶品。常饮恩施玉露，能提高人体免疫力，起到抗氧化、预防冠心病、降血压、降血脂、降血糖、抗菌杀毒、防癌变等作用。

从历史演变来看，恩施玉露之所以成名并发扬光大，一是恩施玉露品质好，二是恩施玉露本身的历史文化渊源。所以恩施玉露不仅仅有茶的价值，也有一种文化艺术的价值，里面蕴藏着较深的文化内涵和历史渊源。

以上是关于恩施玉露文化的介绍，希望对大家了解恩施玉露有所帮助。玉露茶，清江水，是闻名湖北、巴蜀乃至中国的恩施双绝。今天，很荣幸为大家冲泡一杯润如莲心的恩施玉露。

（二）行礼

（音乐《清江情歌》起，解说员致欢迎词并根据程序解说茶艺过程）
主副泡一起从幕后走出，面对宾客同时行茶礼。

（三）备具

主泡入座。

（1）副泡退场，取第一托茶具：瓶花、储茶罐、储水壶、茶匙、托架、茶巾、茶巾碟。

（2）副泡将第一托茶具置于茶桌上，轻移至主泡面前。

（3）主泡将瓶花置于茶桌左前方。

（4）主泡将储茶罐置于茶桌正前方。

（5）副泡取出第二托茶具。

（6）瓶花、储茶罐、储水壶从左至右一字排列，茶匙置于瓶花左侧。

（7）将茶巾置于储水壶右侧。

（8）将水盂置于茶桌左侧。

（四）赏茶

（1）双手取储茶罐。

（2）用茶匙取适量茶样。

（3）置茶样于宾客面前，敬请鉴赏干茶。

（五）涤器

（1）洁净茶具，亦温润茶杯。

（2）取水壶从左至右，依次向茶杯注入适量的水。

（3）手扶茶杯，顺时针方向摇转 3 圈，温净茶杯。将废水纳入水盂。

（六）投茶

用茶匙将待用的茶叶，在青花盖碗中依次每杯放入 4 克。

（七）冲泡

（1）冲入适量开水，以浸没茶叶，使芽叶舒展。

（2）以"凤凰三点头"方式连续注水 3 次，使芽叶在杯中翻滚。既能让芽叶受热均匀，又似向宾客表示友好尊敬的三鞠躬。然后，依次盖上杯盖。

（八）敬茶

　　副泡置托盘于主泡面前，主泡将泡好的碗茶放入托盘；起身，主副泡共同向主宾敬茶，并伸出右手作"请用茶"之邀。

（九）品饮示范

（1）闻香。

（2）观色。

（3）品啜。

（十）收具

主泡归位，依次收具；副泡将茶具放回。

（十一）行礼

副泡归位，主、副泡行退场礼。

第二节　湖北宜红工夫茶冲泡技艺

红茶是国际性大茶类，是国际茶叶贸易的翘楚。

工夫红茶为我国特有，是我国历史上风行欧美各国的茶叶大品牌。

宜红工夫茶为湖北所特有，已有 150 多年的历史，是具有历史文化品位的特色产品，属于地域特色产品。

宜红工夫红茶汤色红艳、香气纤细幽雅、口感清雅且涩味较少，比较适合泡饮原味的纯红茶。

茶具宜选用紫砂壶、盖碗或瓷壶、白瓷杯，用下投法置茶，茶水比掌握在 1∶50 左右，用 95℃左右的沸水高冲于壶中，加盖闷泡一两分钟后，用巡回法依次斟入瓷杯中，即可品饮。

另外，宜红工夫红茶还可以做成姜红茶、柠檬红茶、玫瑰红茶等。在国外，人们还将红茶制成冰红茶、牛奶泡沫红茶、薄荷红茶和肉桂红茶等。

现在，让我们一起来泡一杯香醇美味、清香幽雅的宜红工夫红茶吧。

一、盖碗冲泡法

（1）备宜红工夫红茶 3 克和盖碗一只。

（2）以沸水温润盖碗。

（3）投茶入碗。

（4）以 90℃左右开水冲茶。

（5）定点高冲，使茶叶翻转。

（6）浸润 1—2 分钟，茶成。

二、小杯工夫红茶冲泡法

（一）备具

（二）温杯盏

（三）赏茶

（四）注水，润茶

（五）高冲

（六）刮沫

（七）出汤

（八）分茶

（九）奉茶

三、壶泡法

（一）备具

（二）温壶

（三）烫杯

（四）投茶

（五）注水

（六）分茶

（七）赏汤

第三节　湖北鹿苑黄茶冲泡技艺

黄茶是我国特产。其按鲜叶老嫩又分为黄小茶和黄大茶。远安鹿苑黄茶又称鹿苑毛尖，属于中国黄茶品类中的黄小茶，被誉为湖北茶中的佳品。

远安县旧属峡州，唐代陆羽《茶经》中就有远安产茶的记载。据县志记录，远安鹿苑茶起源于 1225 年，为鹿苑僧在寺侧栽植，产量甚微。1949 年以后，远安鹿苑已创制出鹿苑毛尖，是我国著名的恢复历史名茶。

远安鹿苑的品质特点：外形条索环状（环子脚），白毫显露，色泽金黄，略带鱼子泡，香郁高长，滋味醇厚回甘，汤色黄净明亮，叶底嫩黄匀整。

黄茶的制作与绿茶有相似之处，只是多了一道闷堆的工序。绿茶不发酵，而黄茶微发酵。黄茶的特点是黄叶黄汤，不同于绿茶的绿叶绿汤。

根据远安鹿苑的外形、品质，我们推荐选用玻璃杯、盖碗或茶壶冲泡，亦如冲泡绿茶一样采取上投法、中投法和下投法的冲泡方式来泡饮。

本节，我们示范玻璃杯泡法。

（一）备具置器

（二）温杯洁具

（三）开罐拨金

（四）嘉叶酬宾

（五）青黄相接

（六）浴水重生

（七）心香摇动

（八）银壶飞瀑

（九）表里如一

（十）香沁心脾

（十一）啜品甘霖

（十二）敬奉香茗

第四节　湖北青砖茶冲泡技艺

　　青砖茶是中国黑茶家族的宠儿，其产地主要在湖北省咸宁地区的蒲圻、通山、崇阳、通城等县和鄂西南地区，已有 100 多年的历史。湖北青砖茶以老青茶做原料，经压制而成紧压茶，其外形为长方砖形，色泽青褐，香气纯正，滋味尚浓无青气，水色红黄尚明，茶汁味浓可口，香气独特，回甘隽永，叶底黑粗。青砖茶主要销往内蒙古、新疆、西藏、青海等西北地区和蒙古国、格鲁吉亚、俄罗斯、英国等国家。饮用青砖茶，除生津解渴外，还具有清心提神、帮助消化、杀菌止泻等功效。

　　本节重点介绍盖碗冲泡法和壶煮法。

一、盖碗冲泡法

　　采用盖碗冲泡法，选用大号盖碗有利于青砖茶的"醒茶"或"洗茶"。实践证明，用盖碗泡陈年青砖茶不走味；用紫砂壶泡青砖茶，口感更滑润。青砖茶的冲泡程序和乌龙茶的冲泡程序看似相同，但茶叶的浸润时间却大不相同，掌握好不同青砖茶的浸润时间至关重要。陈年青砖茶与人工催酵青砖茶在冲泡方法上，区别如下：

　　茶水比例：陈年青砖的茶水比例一般为 1∶25；人工催酵青砖的茶水比例为 1∶30。

　　投茶量：陈年青砖第一道茶的冲泡谓之"醒茶"，每次冲泡水温要求使用 100℃ 的沸水；人工催酵青砖第一道茶的冲泡谓之"洗茶"，冲泡水温要求使用 100℃ 的沸水，第二道正式泡茶时则要求水温在 95℃ 左右。

　　浸润时间：陈年青砖的"醒茶"时间约为 15 秒，头道茶汤的浸润时间为 40 秒，之后依次延长，大约可以冲泡 10 道茶；人工催酵青砖要用快速"洗茶法"，浸润时间大约为 5 秒，头道茶汤的浸润时间约为 15 秒，之后依次可延长数秒时间，可冲泡 7—8 道茶。

盖碗冲泡法程序如下。

（一）备茶置器

（二）温润盖碗

（三）烫洗茶杯

（四）问杯投茶（按 1 ： 30 茶水比例）

（五）涤尽沧桑

（六）刮剔浮华

（七）二水浸茶

（八）青龙出海

（九）遍洒甘霖

（十）茶奉知己

二、壶煮法

壶煮法比较简便宜操作：将水烧至沸腾时，加入适量的茶并根据青砖茶的陈化程度，确定青砖茶的煎煮时间。青砖茶的壶煮法既适合家庭也适合办公室饮用。

壶煮法具体程序：取青砖茶 8 克，入 800—1000 毫升沸水中，5—10 分钟关火。待茶汤静沸片刻后，出汤。这时，一杯香醇甘滑、汤色黄红的青砖茶就煮好了。若是自然存放的陈年青砖茶，可延长煮沸时间 10—20 秒钟。

（一）活火煮山泉

（二）青龙入玉宫

（三）吊出陈年韵

（四）两腋生清风

第五节　湖北名茶冲泡注意事项

一、湖北绿茶类名茶冲泡注意事项

绿茶在色、香、味上，讲求嫩绿明亮、清香、醇爽。在六大茶类中，绿茶的冲泡看似简单，其实极考功夫。因绿茶不经发酵，冲泡时更要求保持茶叶本身的鲜嫩，略有偏差，易使茶叶泡老闷熟，茶汤黯淡香气钝浊。此外，又因绿茶品种最丰富，每种茶，由于形状、紧结程度和鲜叶老嫩程度不同，冲泡的水温、时间和方法都有差异，所以没有多次的实践，恐怕难以泡好一杯绿茶。任何一种茶的冲泡，都非常依赖个人的经验。实践久了，就能泡得一手好茶。

（一）用水

水质能直接影响茶汤的品质。明末盲人戏剧家张大复在其《梅花草堂笔谈·试茶》中说："茶性必发于水，八分之茶，遇十分之水，茶亦十分矣；八分之水，试十分之茶，茶只八分耳。"可见水质对茶汤的重要。

古人的茶书大多论及用水。所谓"山水上，江水中，井水下"，终不过是要求水甘而洁、活而新。从理论上讲，水的硬度直接影响茶汤的色泽和茶叶有效成分的溶解度。硬度高，则色黄褐而味淡，严重的会味涩苦。所以泡茶用水，应是软水或暂时硬水，以泉水为佳，洁净的溪水江水河水亦可，井水则要视地下水源而论。至于雨水和雪水，若涉污染，恐怕没人敢喝。现代人泡茶多用矿泉水，农夫山泉微带泉水的清甜；茶艺馆的水，也多用矿泉水或蒸馏水。依山傍水的地方，则可汲取山泉，如杭州虎跑水、广州白云山泉水。一般家庭使用滤水器过滤后的水，也勉强可用。

（二）水温

古人对泡茶水温十分讲究，特别是在饼茶团茶时期,控制水温似乎是泡茶的关键。

概括起来，烧水要大火急沸，刚煮沸起泡为宜。水老水嫩都是大忌。水温通过对茶叶成分溶解程度的作用来影响茶汤滋味和茶香。

冲泡绿茶的用水温度，应视茶叶质量而定。高级绿茶，特别是各种芽叶细嫩的名绿茶，以80—85℃为宜。茶叶愈嫩绿，水温愈低。水温过高，易烫熟茶叶，茶汤变黄，滋味较苦；水温过低，则香低味淡。至于中低档绿茶，则要用100℃的沸水冲泡。如水温低，则渗透性差，茶味淡薄。

此外需说明的是，高级绿茶用80—85℃的水，通常是指水烧开后再冷却至该温度；若是处理过的无菌生水，只需烧到所需温度即可。

（三）投茶量

茶叶用量，并没有统一的标准，视茶具大小、茶叶种类和各人喜好而定。一般来说，冲泡绿茶，茶与水的比例大致是1∶60—1∶50。严格的茶叶评审，绿茶是用150毫升的水冲泡3克茶叶。

茶叶用量主要影响滋味的浓淡。初学者可尝试不同的用量，找到自己最喜欢的茶汤浓度。

（四）茶具

冲泡绿茶，比较讲究的可用玻璃杯或白瓷盖碗。普通人家使用的大瓷杯和茶壶，只适于冲泡中低档绿茶。

玻璃杯比较适合于冲泡名茶，如采花毛尖、车云山毛尖、龟山岩绿等细嫩绿茶，可观察到茶在水中缓缓舒展、游动、变幻的情形。特别是一些银针类，冲泡后芽尖冲向水面，悬空直立，然后徐徐下沉，如春笋出土似金枪林立。上好的银针可三起三落，美妙至极。一般茶艺馆，多使用玻璃杯冲泡绿茶。

古人使用盖碗。与玻璃杯相比，盖碗保温性好一些。一般来说，冲泡条索比较紧结的绿茶，如珠茶眉茶可选盖碗。好的白瓷，可充分衬托出茶汤的嫩绿明亮，且盖碗雅致，手感触觉是玻璃杯无法比拟的。此外，由于好的绿茶不是用沸水冲泡，茶叶多浮在水面，饮茶时易吃进茶叶，如用盖碗，则可用盖子将茶叶拂至一边。

总的来说，无论玻璃杯或是盖碗均宜小不宜大，大则水多，茶叶易老。

（五）冲泡方法

绿茶的冲泡，相比于乌龙茶，程序简单。根据条索的紧结程度，分为玻璃杯泡与盖碗泡两种。无论使用何种方法，第一步均需烫杯，以利茶叶色香味的发挥。

1. 外形紧结重实的茶

（1）烫杯之后，先将合适温度的水冲入杯中，然后取茶投入，不加盖。此时茶叶徐徐下沉，干茶吸收水分，叶片展开，现出芽叶的生叶本色，芽似枪叶如旗；汤面水汽夹着茶香缕缕上升，如云蒸霞蔚。

（2）茶汤凉至适口，即可品茶。此乃一泡。茶叶评审以5分钟为标准，茶汤饮用和闻香的温度均为45—55℃。若高于60℃，则烫嘴也烫鼻；低于40℃，香气低沉味较涩。这个时间不易控制。如用玻璃杯冲泡，手握杯子感觉温度合适即饮；如用盖碗泡，则稍稍倒出一点茶汤至手背以查其温度。所以，实践是最重要的。

（3）第一泡的茶汤，尚余三分之一，则可续水。此乃二泡。若茶形肥壮的茶，二泡茶汤正浓，饮后舌本回甘，齿颊生香，余味无穷。饮至三泡，则一般茶味已淡。

此种冲泡方法，除珠茶、眉茶类绿茶外，同样适合于较紧结的湖北名绿茶。

2. 条索松展的茶

这类绿茶如采用上述冲泡方法，则茶叶浮于汤面，不易浸泡下沉。采用方法如下：

（1）烫杯后，取茶入杯。此时较高的杯温已隐隐烘出茶香。

（2）冲入适温的水至杯容量三分之一，也可少一些，但需覆盖茶叶。此时，须注意注水方法。茶艺馆中多直接以水冲击茶叶，这种方法不妥。这类条形比较舒展的绿茶，冲泡时无须借助水的冲力，反而易烫伤嫩叶。适宜的方法是：玻璃杯冲泡则沿杯边注水，盖碗冲泡则将盖子反过来贴在茶杯的一边，将水注入盖子，使其沿杯边而下，然后微微摇晃茶杯，使茶叶充分浸润。此时茶香高郁不可即饮，然恰是闻香的最好时机。

（3）稍停约2分钟，待干茶吸水伸展，再冲水至满。冲水方法如前。此时茶叶或徘徊飘舞，或游移于沉浮之间，别具茶趣。

（4）其他步骤，皆与紧结型绿茶相同。

二、湖北红茶类名茶冲泡注意事项

当下有许多人，尤女性茶人喜欢喝红茶。冲泡红茶应该注意哪些事项呢？

1. 选用茶具适宜

红茶高雅芬芳及香醇的味道，必须要以合适的茶具搭配，才能烘托出它独特的风味。品饮红茶最合适的茶具是白色瓷杯或瓷壶，尤以骨瓷最佳。质地莹白、隐隐透光的骨瓷杯盛入色彩红艳瑰丽的红茶茶汤，在升腾的雾霭中感受扑鼻而来的香气。闲暇时捧着一杯红茶，度过一个轻松的午后。保温性能最佳的骨瓷杯，能保证你品到的每一口茶都温暖且甘甜。

一般来说，工夫红茶、小种红茶、袋泡红茶、速溶红茶等大多采用杯饮法，即置茶于白瓷杯中，用沸水冲泡后饮用。红碎茶和片末红茶，则多采用壶饮法，即把茶叶放入壶中，冲泡后从壶中慢慢倒出茶汤，分汤于小茶杯中饮用。茶叶残渣仍留壶内，或再次冲泡，或弃去重泡，处理起来都很方便。

2. 水温控制得当

红茶最适用沸腾的水冲泡，高温可以将红茶中的茶多酚、咖啡因充分萃取出来。高档红茶适宜水温在95℃左右，稍差一些的用95—100℃的水即可。注水时，要将水壶略抬至一定的高度，让水柱一倾而下，这样可以利用水流的冲击力将茶叶充分浸润，以利于色、香、味的充分发挥。当沸水冲入茶壶中时，茶叶会先浮现在茶壶上部，接着慢慢沉入壶底，然后又会借由对流现象再度浮高。如此浮浮沉沉，直到最后茶叶充分展开时方完成，这就是所谓的闷茶时间。

3. 把控茶量投放

茶叶投放量的多少，要视茶具容量大小、饮用人数、饮用人的口味、饮用方法及茶的不同品性而定。大体原则和绿茶类似，茶叶与水的比例一般为1∶50，1克茶叶需要50毫升的水。过浓或过淡都会减弱茶叶本身的醇香，过浓的茶还会伤胃。按照一般的饮用量来讲，冲泡4—5克的红茶较为适宜。红茶多放一点，冲泡出来会有浓香，但一定要把握得当。

4. 注意浸泡时间

冲泡红茶，要有一个短短的烫壶时间，用热滚水将茶具充分温热；之后，再向茶壶或茶杯中倾倒热水，静置等待。如有盖子，还可将盖子盖严，让红茶在密闭的环境中充分受热舒展。

根据红茶种类的不同，等待时间有少许不同，细嫩茶叶如宜红工夫茶时间短，约 2 分钟；中叶茶约 2 分半钟；大叶茶约 3 分钟。若是袋装红茶，所需时间更短，40—60 秒即可。泡好后的茶不要久放，否则茶中的茶多酚会迅速氧化，茶味变涩。好的工夫红茶一般可冲泡多次。

三、湖北黄茶类名茶冲泡注意事项

六大茶类当中，黄茶属于少数族裔，知之者寡。市场上也难觅其踪。

由于黄茶如远安鹿苑的制作工艺难以把握，闷黄不足则易偏于绿茶，闷黄过度则成了黑茶。

以湖北远安鹿苑黄茶为例，冲泡黄茶尤其是黄小茶，应该注意哪些事项？

1. 茶具首选玻璃杯

前文已经阐释了玻璃杯比较适合于冲泡细嫩名优绿、黄名茶。使用玻璃杯冲泡远安鹿苑，可观察到茶芽尖冲水面，悬空直立，然后徐徐下沉，如春笋出土，似金枪林立，缓缓舒展、游动、变幻，三起三落，美妙至极。

2. 泡茶水温须留意

黄茶较嫩，水温太高会把茶烫熟，适宜的泡茶水温在 80—85℃。

3. 投茶多少须合适

投茶量，以茶水比例 1 ：50 为宜，也可根据个人口感进行适度调整。冲泡远安鹿苑，以中投法的投茶方式为宜。

4. 泡茶用水细选择

建议采用纯净水来冲泡黄茶，水中的氯离子、钙离子和镁离子对茶汤的品质有很大的影响。不建议采用自来水或含钙镁离子高的矿泉水泡茶。有条件取用山泉水最佳。

5. 出汤时间巧把握

如以盖碗冲泡鹿苑毛尖,若每次出汤2/3,则每道茶泡的口感更佳。建议第一、二、三、四泡出汤时间分别为1.5分钟、2分钟、3分钟、4分钟,四泡后茶汤的可浸出物可以泡出80%左右。

四、湖北青砖茶冲泡注意事项

冲泡青砖茶,应注意以下几个问题。

1. 投茶量

冲泡青砖茶时,投茶量的大小与饮茶习惯、冲泡方法、茶叶的个性有着密切的关系且富于变化。就饮茶习惯而言,港台、福建、两广习惯饮酽茶;云南人以浓饮为主,只是投茶量略低于前者;江浙、北方人喜欢淡饮;湖北人喜欢饮淡茶。冲泡品质正宗的青砖,投茶量与水的质量比一般为1∶30或1∶40。对于其他地区的消费者,可以此为参照,通过增减投茶量来调节茶汤的浓度。如果采用"工夫"泡法,投茶量可适当增加,通过控制冲泡节奏的快慢来调节茶汤的浓度。就茶性而言,投茶量的多少也有变化。例如,陈茶可适当增加,新茶适当减少。切忌一成不变。

2. 泡茶水温

水温的掌握,对茶性的呈现有重要的作用。高温有利于发散香味和茶味的快速浸出,但高温也容易冲出苦涩味,容易烫伤一部分高档茶。确定水温的高低,一定要因茶而异。例如,用料较粗的青砖茶、陈茶等适宜沸水冲泡;用料较嫩的高档青饼则宜适当降温冲泡。

3. 冲泡时间

控制冲泡时间的长短,目的是让茶叶的香气、滋味充分呈现。由于湖北青砖茶的制作工艺和原料选择的特殊性,决定了冲泡的方式方法和冲泡时间的长短。冲泡时间的掌握,就规律而言:陈茶、粗茶冲泡时间长,新茶、细茶冲泡时间短;手工揉捻茶冲泡时间长,机械揉捻茶冲泡时间短。对一些苦涩味偏重的青砖新茶,冲泡时要控制好投茶量,缩短冲泡时间,以改善滋味。

4．关于"洗茶"

"洗茶"的概念出现于明代。钱椿年《茶谱》载："凡烹茶，先以热汤洗茶叶，去其尘垢、冷气，烹之则美。"对于青砖茶，"洗茶"这一过程必不可少，这是因为大多数青砖茶都是隔年甚至陈放数年后饮用。青砖茶储藏得越久，就越容易沉积脱落的茶粉和尘埃，因此需要通过"洗茶"达到"涤尘润茶"的目的。对于品质比较好的青砖茶，"洗茶"时注意掌握节奏，杜绝多次"洗茶"或高温长时间"洗茶"，以减少茶味的流失。

第五章　科学饮茶

茶叶经分离、鉴定的已知化合物有 700 余种，按其主要成分归纳起来有 10 余类：蛋白质、氨基酸、生物碱、茶多酚、脂类化合物、糖类、色素、维生素、有机酸、芳香类物质和矿物质等。它们直接或间接地影响茶叶的滋味、香气等的形成，是茶叶品质形成的物质基础。其中，生物碱、茶多酚及其氧化产物、茶叶多糖、茶氨酸、茶叶皂素、维生素类物质、矿物质等具有很好的保健和药用功效，是茶叶具有保健和药效功能的前提。

中国自古就有关于茶叶保健功效的文字记载，经现代科学研究，茶叶对人体具有至少 60 种保健作用，对高血脂、动脉硬化、癌症、高血压等数十种疾病有防治效果。同时，在养颜美容、减肥明目等方面也有很好的效果。

茶叶不光是在保健和药用方面具有很好的作用，在社交和促进和谐发展上也发挥着很重要的作用。

第一节　茶：主要成分与营养元素

迄今为止，茶叶中经分离、鉴定的已知化合物有 700 余种，其中包括初级代谢产物蛋白质、糖类、脂肪及茶树中的二级代谢产物 —— 多酚类、茶氨酸、生物碱、

色素、芳香物质、皂苷等。茶叶中的无机化合物总称灰分，茶叶灰分（茶叶经550℃
灼烧灰化后的残留物）中主要是矿质元素及其氧化物，其中大量元素有氮、磷、钾、
钙、钠、镁、硫等，其他元素含量很少，称微量元素。将茶叶中的化学成分按其主
要成分归纳起来有十余类，它们在干物质中的含量如表5-1所示。[1]

表5-1　茶叶中的化学成分及在干物质中的含量

成分	含量（%）	组成
蛋白质	20—30	谷蛋白、精蛋白、球蛋白、白蛋白等
氨基酸	1—4	茶氨酸、天门冬氨酸、谷氨酸等26种
生物碱	3—5	咖啡碱、茶叶碱、可可碱
茶多酚	18—36	主要有儿茶素、黄酮类、花青素、花白素和酚酸
脂类化合物	8	脂肪、磷脂、硫脂、糖脂和甘油酯
糖类	20—25	纤维素、果胶、淀粉、葡萄糖、果糖、蔗糖等
色素	1左右	叶绿素、胡萝卜素类、叶黄素类、花青素类
维生素	0.6—1.0	维生素C、维生素A、维生素E、维生素D、维生素B_1、维生素B_2、维生素B_3等
有机酸	3左右	苹果酸、柠檬酸、草酸、脂肪酸等
芳香类物质	0.005—0.03	醇类、醛类、酮类、酸类、酯类、内酯等
矿物质	3.5—7.0	钾、钙、磷、镁、锰、铁、硒、铝、铜、硫、氟等

依据现代营养学和医学原理，将这些化学成分划分为两大类，即营养成分和药
效成分。营养成分：蛋白质、氨基酸、维生素类、糖类、矿物质、脂类化合物等；[2]
药效成分：生物碱、茶多酚及其氧化产物、茶叶多糖、茶氨酸、茶叶皂素、芳香物
质等。[3]

[1]　宛晓春. 茶叶生物化学（第三版）[M]. 北京：中国农业出版社，2003：8.

[2]　陈睿. 茶叶功能性成分的化学组成及应用 [J]. 安徽农业科学，2004（5）：1031-1036.

[3]　王汉生，刘少群. 茶叶的药理成分与人体健康 [J]. 广东茶业，2006（3）：14-17.

一、茶叶中的氨基酸

氨基酸是茶叶中具有氨基和羧基的有机化合物，是茶叶中的主要化学成分之一，是影响茶叶滋味、香气的重要品质成分。茶叶氨基酸的组成、含量，以及它们的降解产物和转化产物也直接影响茶叶品质，氨基酸在茶叶加工中参与茶叶香气的形成，它所转化而成的挥发性醛或其他产物，都是茶叶香气的成分。茶叶中各种氨基酸含量的多少与茶类关系密切，如谷氨酸以绿茶最多，其次是青茶和红茶；精氨酸以绿茶最多，红茶次之；茶氨酸以白茶最多，其次是绿茶和红茶；若以总量而论，绿茶多于红茶和白茶，黄茶和乌龙茶次之，黑茶含量相对较低。[1]但对同一茶类中同一种茶而言，则高级茶多于低级茶。

茶叶中发现并已鉴定的氨基酸有26种，除20种蛋白质氨基酸（甘氨酸、丙氨酸、亮氨酸等）均发现存在于游离氨基酸中，还检出6种非蛋白质氨基酸（茶氨酸、γ-氨基丁酸、豆叶氨酸、谷氨酰甲胺、天冬酰乙胺、β-丙氨酸）。后者并不存在于蛋白质中，属于植物次生物质，其中最主要的为茶氨酸。茶氨酸可以说是茶叶中游离氨基酸的主体部分并大量存在于茶树中，特别是芽叶、嫩茎及幼根中。在茶树的新梢芽叶中，70%左右的氨基酸是茶氨酸。茶氨酸由于在游离氨基酸中所占比重特别突出，因此逐渐为人们所重视。

茶氨酸是茶树中一种比较特殊的、在一般植物中罕见的氨基酸，是茶叶的特色成分之一，除了在茶梅、山茶、油茶、蕈中检出外，在其他植物中尚未发现。茶氨酸是茶叶中含量最高的氨基酸，占游离氨基酸总量的50%以上，占茶叶干重的1%—2%。

二、茶叶中的维生素

茶叶中含有多种维生素，有维生素A、维生素D、维生素E、维生素K、维生素C、

---

[1]　安徽农学院.茶叶生物化学（第二版）[M].北京：农业出版社，1980：47.

维生素 P、维生素 U、B 族多种维生素和肌醇等。茶叶中的维生素可称为"维生素群"，饮茶可使"维生素群"作为一种复方维生素补充人体对维生素的需要。如每 100 克茶叶中维生素 C 含量为 100—500 毫克，优质绿茶大多在 200 毫克以上，其含量比等量的柠檬、菠萝、苹果、橘子还多。因此，喝茶可以预防人们因缺乏维生素而患病，对人体具有极大的保健功效。[1]

维生素虽然广泛存在于茶叶中，但含量却有不同。一般来说，绿茶多于红茶，优质茶多于低级茶，春茶多于夏茶、秋茶。

三、茶叶中的糖类物质

茶鲜叶中的糖类物质，包括单糖、寡糖、多糖及少量其他糖类。单糖和双糖是构成茶叶可溶性糖的主要成分，是茶叶滋味物质之一。茶叶中的多糖类物质主要包括纤维素、半纤维素、淀粉和果胶等，其中大部分多糖是不溶于水的。糖类在茶叶中含量达 25%（占干物质重）左右，其中可溶性的（包括加工后水解出的可溶性糖和糖基）占干物质总量的 4% 左右。[2] 因此，茶叶属于低热能饮料，适合于糖尿病及忌糖患者饮用。

茶叶中有一类特殊的糖类物质 —— 茶多糖，由于单糖分子中存在多个羟基，容易被氨基、甲基、乙酰基等取代，因此以单糖为基本组成单位的茶叶复合多糖组成复杂。茶叶中具有生物活性的复合多糖，一般称为茶多糖 TPS，是一类与蛋白质结合在一起的酸性多糖或酸性糖蛋白。

中国和日本民间都有用粗老茶医治糖尿病的传统。现代医学研究表明，茶多糖是茶叶治疗糖尿病时的主要药理成分。[3] 茶多糖由茶叶中的糖类、蛋白质、果胶和灰分等物质组成，茶新梢的粗老叶中含量较高，茶多糖的单糖组成主要以葡萄糖、阿拉伯糖、木糖、岩藻糖、核糖、半乳糖等为主。[4] 一般来讲，原料愈粗老茶多糖含量

---

[1] 王宏树. 茶叶中含有多种维生素利于延年益寿 [J]. 农业考古，1995（4）：159-161.

[2] 顾谦等. 茶叶化学 [M]. 合肥：中国科学技术大学出版社，2002：30-48.

[3] 汪东风等. 粗老茶治疗糖尿病的药理成分分析 [J]. 中草药，1995（5）：255-257.

[4] 汪东风，谢晓风等. 茶多糖的组分及理化性质 [J]. 茶叶学，1996（1）：1-8.

愈高，等级低的茶叶中茶多糖含量高。在治疗糖尿病方面，粗老茶比嫩茶效果要好。[1]

四、茶叶中的多酚类及其氧化产物

（一）茶鲜叶中的多酚类物质

茶树新梢和其他器官都含有多种不同的酚类及其衍生物（下简称为多酚类）。茶叶中这类物质原称"茶单宁"或"茶鞣质"。茶鲜叶中多酚类的含量一般为18%—35%（干重）。它们与茶树的生长发育、新陈代谢和茶叶品质关系非常密切，对人体也具有重要的生理活性，因而受到人们的广泛重视。

茶多酚类是一类存在于茶树中的多元酚的混合物。茶树新梢中所发现的多酚类分属于儿茶素（黄烷醇类）；黄酮、黄酮醇类；花青素、花白素类；酚酸及缩酚酸等。其中最重要的是以儿茶素为主体的黄烷醇类，其含量占多酚类总量的70%—80%，是茶树次生物质代谢的重要成分，也是茶叶保健功能的首要成分[2]，对茶叶的色、香、味品质的形成有重要作用。茶叶中儿茶素以表儿茶素（EC）、表没食子儿茶素（EGC）、表儿茶素没食子酸酯（ECG）、表没食子儿茶素没食子酸酯（EGCG）四种含量最高，前两者称为"非酯型儿茶素"或"简单儿茶素"，后两者称为"酯型儿茶素"或"复杂儿茶素"，一般酯型儿茶素的适量减少有利于绿茶滋味的醇和爽口。由于儿茶素易被氧化的特性，在红茶或乌龙茶制造过程中，儿茶素类易被氧化缩合形成茶黄素类（TFs），茶黄素类可进一步转化为茶红素类（TRs），再由茶黄素类和茶红素类进一步氧化聚合则可形成茶褐素类（TBs）物质。这三种多酚类氧化产物的含量和所占的比例对红茶或乌龙茶的品质形成至关重要。[3]

（二）茶叶加工过程中形成的色素

色素是一类存在于茶树鲜叶和成品茶中的有色物质，是构成茶叶外形色泽、汤

[1] 汪东风等.粗老茶中的多糖含量及其保健作用 [J]. 茶叶科学，1994（1）：73-74.

[2] 毛清黎，施兆鹏，李玲等.茶叶儿茶素保健及药理功能研究新进展 [J].食品科学，2007，28（8）：584-589.

[3] 刘仲华等.红茶和乌龙茶色素与干茶色泽的关系 [J].茶叶科学，1990（1）：59-64.

色及叶底色泽的成分，其含量及变化对茶叶品质起着至关重要的作用。在茶叶色素中，有的是鲜叶中已存在的，称为"茶叶中的天然色素"；有的则是在加工过程中，一些物质经氧化缩合而形成的。茶叶色素通常分为脂溶性色素和水溶性色素两类：脂溶性色素主要对茶叶干茶色泽及叶底色泽起作用，而水溶性色素主要是对茶汤有影响。

1. 茶黄素类

茶黄素是红茶中的主要成分，是多酚类物质氧化形成的一类能溶于乙酸乙酯的、具有苯并卓酚酮结构的化合物的总称。

茶黄素类对红茶的色、香、味及品质起着决定性的作用，是红茶汤色"亮"的主要成分，滋味强度和鲜度的重要成分，同时也是形成茶汤"金圈"的主要物质。能与咖啡碱、茶红素等形成配位化合物，温度较低时显出乳凝现象，是茶汤"冷后浑"的重要因素之一。并且其含量的高低直接决定红茶滋味的鲜爽度，与低亮度也呈高度正相关。

2. 茶红素类

茶红素是一类复杂的红褐色的酚性化合物。它既有儿茶素酶促氧化聚合、缩合反应产物，也有儿茶素氧化产物与多糖、蛋白质、核酸和原花色素等产生非酶促反应的产物。

茶红素是红茶氧化产物中最多的一类物质，含量为红茶的 6%—15%（干重）。该物为棕红色，能溶于水，水溶液呈酸性，深红色，刺激性较弱，是构成红茶汤色的主体物质，对茶汤滋味与汤色浓度起极重要作用，参与"冷后浑"的形成。此外，还能与碱性蛋白反应沉淀于叶底，从而影响红茶叶底色泽。通常认为茶红素含量过高有损红茶品质，使滋味淡薄，汤色变暗；而含量太低，则茶汤红浓不够。英国生物学家罗伯茨（Roberts）认为，TRs/TFs 比值过高时，茶汤深暗、鲜爽度不足；TRs/TFs 比值过低时，亮度好，刺激性强，但汤色红浓度不够。一般 TFs > 0.7，TRs > 10%，TRs/TFs=10—15 时，红茶品质优良。

3. 茶褐素类

为一类水溶性非透析性高聚合的褐色物质。其主要组分是多糖、蛋白质、核酸和多酚类物质，由茶黄素和茶红素进一步氧化聚合而成，化学结构及其组成有待探明。深褐色，溶于水，其含量一般为红茶中干物质的 4%—9%，是造成红茶茶汤发暗、无收敛性的重要因素。[1]

五、茶叶中的矿物质

茶叶能提供人体组织正常运转所需的矿物质元素。维持人体的正常功能需要多种矿物质。根据人体所需量，每天所需量在 100 毫克以上的矿物质为常量元素，每天所需量在 100 毫克以下的为微量元素。到目前为止，已被确认与人体健康和生命有关的必需常量元素有钠、钾、氯、钙、磷和镁；微量元素有铁、锌、铜、碘、硒、铬、钴、锰、镍、氟、钼、钒、锡、硅、锶、硼、铷、砷 18 种。人缺少了这些必需元素就会出现疾病，甚至会危及生命。茶叶中有近 30 种矿物质元素，与其他食物相比，饮茶对钾、镁、锰、锌、氟等元素的摄入最有意义。

茶叶中：钾的含量居矿物质元素含量的第一位，是蔬菜、水果、谷类中钾含量的 10—20 倍，因此，喝茶可以及时补充钾的流失；锌的含量高于鸡蛋和猪肉中的含量，锌在茶汤中的溶出率很高，为 35%—50%，容易被人体吸收，所以茶叶被列为锌的优质营养源；氟的含量比一般植物高 10 倍至几百倍，喝茶是摄取氟离子的有效方法之一；硒主要为有机硒，容易被人吸收，且在茶汤中的浸出率为 10%—25%，在缺硒地区普及饮用富硒茶是解决硒营养问题的最佳方法；茶叶是高锰植物，一般茶叶的锰含量也在 30 毫克 /100 克左右，比水果、蔬菜约高 50 倍，因此喝茶是补充锰元素的比较好的方法。

饮茶也是磷、镁、铜、镍、铬、钼、锡、钒的补充来源。茶叶中钙的含量是水果、蔬菜的 10—20 倍；铁的含量是水果、蔬菜的 30—50 倍。但钙、铁在茶汤中的溶出率极低，无法满足人体的日需量。饮茶不能作为人体补充钙、铁的主要途径，但可以通过食茶来补充。[2]

---

[1] 熊昌云，彭远菊 . 红茶色素与红茶品质关系及其生物学活性研究进展 [J]. 西南农业学报，2006（19）：518-520.

[2] 李旭玫 . 茶叶中的矿质元素对人体健康的作用 [J]. 中国茶叶，2002（2）：30-31.

六、茶皂素

皂苷，又名"皂素""皂角苷"或"皂草苷"，是一类结构比较复杂的糖苷类化合物，由糖链与三萜类、甾体或甾体生物碱通过碳氧键相连而构成。茶皂素是一类齐墩果烷型五环三萜类皂苷的混合物。它的基本结构为皂苷元、糖体、有机酸三部分。

皂苷化合物的水溶液会产生肥皂泡似的泡沫，因此得名。许多药用植物都含有皂苷化合物，如人参、柴胡、桔梗等。这些植物中的皂苷化合物都具有保健功能，包括提高免疫功能、抗癌、降血糖、抗氧化、抗菌、消炎等。茶皂素又名"茶皂苷"，是一种性能良好的天然表面活性剂，能够用来制造乳化剂、洗洁剂、发泡剂等。茶皂素与许多药用植物的皂苷化合物一样，具有许多生理活性，如降血糖、降血脂、抗辐射、增强免疫功能、抗凝血及抗血栓、对羟基自由基的清除作用。[1]

七、茶叶中的生物碱

茶叶中的生物碱，主要是咖啡碱、可可碱及少量的茶叶碱。上述三种都是黄嘌呤衍生物。

1. 咖啡碱

茶叶中咖啡碱的含量一般占 2%—4%，但随茶树的生长条件及品种来源的不同会有所不同。遮光条件下栽培茶树的咖啡碱的含量较高。它也是茶叶重要的滋味物质，其与茶黄素以氢键缔合后形成的复合物具有鲜爽味，因此，茶叶咖啡碱含量也常被看作是影响茶叶质量的一个重要因素。

此外，鲜茶叶在老嫩之间的含量差异也很大，细嫩茶叶比粗老茶叶含量高，夏茶比春茶含量高。因一般植物中含咖啡碱的并不多，故也属于茶叶的特征性物质。

2. 茶叶碱与可可碱

茶叶碱、可可碱的药理功能与咖啡碱相似，如具有兴奋，利尿，扩张心血管、

---

[1] 董慧华 . 新编家庭茶百科 [M]. 北京：中国物价出版社，2003：248.

冠状动脉等作用。但是各自在功能上又有不同的特点。茶叶碱有极强的舒张支气管平滑肌的作用，以及很好的平喘作用，可用于支气管喘息的治疗。茶叶碱在治疗心力衰竭、白血病、肝硬化、帕金森病、高空病等方面也有一定的作用。

八、茶叶中的芳香物质

茶叶中的芳香物质也称"挥发性香气组分（VFC）"，是茶叶中易挥发性物质的总称。茶叶香气是决定茶叶品质的重要因子之一。所谓茶香实际是不同芳香物质以不同浓度组合，并对嗅觉神经综合作用所形成的茶叶特有的香型。茶叶芳香物质实际上是由性质不同、含量差异悬殊的众多物质组成的混合物。迄今为止，已分离鉴定的茶叶芳香物质约有 700 种，但其主要成分仅为数十种，如香叶醇、顺式 -3- 己烯醇、芳樟醇及其氧化物、苯甲醇等。它们有的是红茶、绿茶、鲜叶共有的，有的是各自独具的，有的是在鲜叶生长过程中合成的，有的则是在茶叶加工过程中形成的。

一般而言，在茶鲜叶中，含有的香气物质种类较少，大约 80 种；绿茶中有 260 余种；红茶则有 400 多种。茶叶香气因茶树品种、鲜叶老嫩、不同季节、地形地势及加工工艺，特别是酶促氧化的深度和广度、温度高低、炒制时间长短等条件的不同，而在组成和比例上发生变化，也正是这些变化形成了各茶类独特的香型。[1]

茶叶芳香物质的组成包括碳氢化合物（14.22%）、醇类（12.76%）、醛类（10.30%）、酮类（15.35%）、酯类和内酯类（12.44%）、含 N 化合物（13.41%）、酸类、酚类、杂氧化合物、含硫化合物类等。

茶叶香气在茶中的绝对含量很少，一般只占干物量 0.02%。绿茶 0.05%—0.02%；红茶 0.01%—0.03%；鲜叶 0.03%—0.05%。但当采用一定方法提取茶中香气成分后，茶便会无茶味，故茶叶中的芳香物质对茶叶品质的形成具有重要作用。

[1] 吕连梅，董尚胜. 茶叶香气的研究进展 [J]. 茶叶，2002（4）：181-184.

第二节　茶：保健美容的绿色饮料

中国自古就有关于茶叶的保健功效字记载。《神农本草经》称："茶味苦，饮之使人益思、少卧、轻身、明目。"《神农食经》说："茶茗久服，令人有力悦志。"《广雅》称："荆巴间采茶作饼……其饮醒酒，令人不眠。"《茶经》说："茶之为用，味至寒，为饮最宜精行俭德之人。若热渴、凝闷、脑疼、目涩、四肢烦、百节不舒，聊四五啜，与醍醐、甘露抗衡也。"《本草拾遗》说："茗，苦，寒，破热气，除瘴气，利大小肠……久食令人瘦，去人脂，使不睡。"《饮膳正要》："凡诸茶，味甘苦，微寒无毒，去痰热，止渴，利小便，消食下气，清神少睡。"《本草纲目》："茶苦而寒，最能降火……又兼解酒食之毒，使人神思闿爽，不昏不睡，此茶之功也。"等等。

现代科学的研究，已知茶对人体至少有 60 多种保健作用，对数十种疾病有防治效果。[1] 茶之所以有这么多的保健功效，主要是因其内含物的保健和药效功能所起的作用。[2] 茶叶又是天然的绿色产品，因此被称为保健美容的绿色饮料乃当之无愧，现将茶叶的保健功效做如下介绍。

---

[1]　韦友欢，黄秋婵，陆维坤.解读茶叶与人体健康 [J].广东茶业，2008（1）：24-27；Chung S.Yang, Joshua Lambert，江和源等.茶对人体健康的作用 [J].中国茶叶，2006（5）：14-15；孙册.饮茶与健康 [J].生命的化学，2003（1）：44-46；陈宗懋.茶与健康研究的起源与发展 [J].中国茶叶，2009（4）：6-7.

[2]　陈宗懋.茶与健康专题（二）茶叶内含成分及其保健功效 [J].中国茶叶，2009（5）：4-6；王广铭，孙慕芳.茶叶的保健和药效作用及其物质基础 [J].信阳农业高等专科学校学报，2004（1）：43-44；黄秋婵，韦友欢.绿茶功能性成分对人体健康的生理效应及其机制研究 [J].安徽农业科学，2009（17）：75-76；林智.茶叶的保健作用及其机理 [J].中国食物与营养，2003（4）：49-52.

一、降血脂

茶多酚类化合物不仅具有明显地抑制血浆和肝脏中胆固醇含量上升的作用，且还具有促进脂类化合物从粪便中排出的效果。维生素 C 也具有促进胆固醇排出的作用。绿茶中含有的叶绿素也有降低血液中胆固醇的作用。茶多糖能通过调节血液中的胆固醇及脂肪的浓度，起到预防高血脂、动脉硬化的作用。

二、防治动脉硬化

（1）茶叶中的多酚类物质（特别是儿茶素）可以防止血液及肝脏中甾醇及其他烯醇类和中性脂肪的积累，不但可以防治动脉硬化，还可以防治肝脏硬化。

（2）茶叶中的甾醇如菠菜甾醇等，可以调节脂肪代谢，降低血液中的胆固醇。这是由于甾醇类化合物竞争性抑制脂酶对胆固醇的作用，因而减少对胆固醇的吸收，防治动脉粥样硬化。

（3）茶叶中的维生素 C、维生素 B_1、维生素 B_2、维生素 B_3 也都有降低胆固醇、防治动脉粥样硬化的作用。其他各种维生素都与机体内的氧化、还原物质代谢有关。

（4）茶叶中还含有卵磷脂、胆碱、泛酸，也有防治动脉粥样硬化的作用。在卵磷脂运转率降低时，可引起胆固醇沉积以致动脉粥样硬化。

三、防治冠心病

茶多酚的作用最为重要，它能改善微血管壁的渗透性能；能有效地增强心肌和血管壁的弹性和抵抗能力；还可降低血液中的中性脂肪和胆固醇。其次，维生素 C 和维生素 P 也具有改善微血管功能和促进胆固醇排出的作用。咖啡因和茶叶碱，则可直接兴奋心脏，扩张冠状动脉，使血液充分地输入心脏，提高心脏本身的功能。

四、降血压

饮茶不仅能减肥、降脂、减轻动脉硬化与防治冠心病，而且还能降低血压。这五种病况构成老年病的重要病理连环。而饮一杯清茶，却能兵分多路，对之予以各个击破，其功能真是非凡。从这个系列疾病看来，固然发病者多在中年以后，而缓慢的病理进程却早在中年以前即已发生。所以，老年人饮茶固所必需，青壮年饮茶也很必要。

多酚类、茶氨酸、维生素 C、维生素 P、B 族维生素，都是茶叶中所含有的有效成分，对心血管疾病的发生有多方面的预防作用，如降脂、改善血管功能等。其中维生素 B_3 还能扩张小血管，从而引起血压下降，茶氨酸则通过调节脑和末梢神经中含有色胺等胺类物质来起到降低血压的作用，这是直接降压作用。此外，茶的利尿、排钠效果很好，若与饮水比较，要大两三倍，这是因为茶叶中含有咖啡碱和茶叶碱，间接地引起降压。茶叶中的氨茶碱能扩张血管，使血液不受阻碍而易流通，有利于降低血压。

五、防治神经系统疾病

实验证明，饮茶可明显提高大鼠的运动效率和记忆能力，这主要是因为茶中含有茶氨酸、咖啡碱、茶叶碱、可可碱；饮茶提神、缓解疲劳的功效主要由咖啡碱、茶氨酸引起的。茶氨酸解除疲劳的作用是通过调节脑电波来实现的，如志愿者口服50 毫克茶氨酸，40 分钟后脑电图中可出现 α 脑电波，α 脑电波是安静放松的标志；同时受试对象感到轻松、愉快、无焦虑感。因此茶氨酸具有消除紧张、解除疲劳的作用。

大脑细胞活动的能量来源于腺苷三磷酸（ATP），腺苷三磷酸的原料是腺苷酸（AMP）。咖啡碱能使腺苷酸的含量增加，提高脑细胞的活力，饮茶能够起到增进大脑皮质活动的功效。

咖啡碱还具有刺激人体中枢神经系统的作用，这一点不同于乙醇等麻醉性物质，例如含乙醇高的白酒。白酒是以减弱抑制性条件反射来起兴奋作用的；而咖啡碱使人体的基础代谢、横纹肌收缩力、肺通气量、血液输出量、胃液分泌量等有所提高。

六、预防肠胃疾病

临床资料中有用茶叶治疗积食、腹胀、消化不良的方法，清代鲁照《串雅补》中已有记载。餐后饮茶最为合宜，因其能助消化。研究表明，喝茶能促进胃液分泌与胃的运动，有促进排出之效，而且热茶比冷茶更有效果。同时，胆汁、胰液及肠液分泌亦随之提高。茶叶碱具有松弛胃肠平滑肌的作用，能减轻因胃肠道痉挛而引起的疼痛；儿茶素有激活某些与消化、吸收有关的酶的活性作用，可促进肠道中某些对人体有益的微生物生长，并能促使人体内的有害物质经肠道排出体外。咖啡碱则能刺激胃液分泌，有助于消化食物，增进食欲。所以说，茶的消食、助消化作用，是茶叶多种成分综合作用的结果。

在茶叶有助于人体消化的同时，茶还具有制止胃溃疡出血的功能，这是因为茶中多酚类化合物可以薄膜状态附着在胃的伤口，起到保护作用。这种作用也有利于肠瘘、胃瘘的治疗。还有，茶叶具有防治痢疾的作用，因为茶叶中含有较多的多酚类与黄酮类物质，具有消炎杀菌的作用。

七、解酒醒酒

酒后饮茶一方面可以补充维生素 C 协助肝脏的水解作用，另一方面茶叶中咖啡碱等一些利尿成分，能使酒精迅速排出体外。茶叶中含有的茶多酚、茶叶碱、咖啡碱、黄嘌呤、黄酮类、有机酸、多种氨基酸和维生素类等物质相互配合作用，能使茶汤如同一副药味齐全的"醒酒剂"。它的主要作用是：兴奋中枢神经，对抗和缓解酒精的抑制作用，以减轻酒后的昏晕感；扩张血管，利于血液循环，有利于将血液中酒精排出；提高肝脏代谢能力；通过利尿作用，促使酒精迅速排出体外，从而起到解酒作用。

八、减肥、美容、明目

饮茶去肥腻的功效自古就备受推崇，据《本草拾遗》记载，饮茶可以"去人脂，久食令人瘦"。经现代医学研究表明，喝茶减肥主要是通过①抑制消化酶活性，减少食物中脂肪的分解和吸收；②调节脂肪酶活性，促进体内脂肪的分解；③抑制脂肪酸合成酶活性，降低食欲和减少脂肪合成三种途径来实现的。这主要是因为：茶多酚类化合物可以显著降低肠管内胆汁酸对饮食来源胆固醇的溶解作用，从而抑制小肠的胆固醇吸收和促进其排泄；对葡萄糖苷酶和蔗糖酶具有显著的抑制效果，进而减少或延缓葡萄糖的肠吸收，发挥其减肥作用；儿茶素类物质可激活肝脏中的脂肪分解酶，使脂肪在肝脏中分解，从而减轻体重，减少脂肪在内脏、肝脏的积聚；绿茶提取物、红茶萃取物和茶黄素对脂肪酸合成酶具有很强的抑制作用，通过抑制脂肪合成，达到减肥效果。由此可见，饮茶既能达到减肥的效果又不会影响健康，是一种不用节食和吃减肥药的最佳减肥方法。[1]

另有研究发现，茶多酚对皮肤有独特的保护作用：防衰去皱、消除褐斑、预防粉刺、防止水肿等。[2] 它主要是①通过直接吸收紫外线以阻止损伤皮肤；②通过清除活性氧自由基而直接防止胶原蛋白等生物大分子受活性氧攻击，通过清除脂质自由基而阻断脂质过氧化；③通过调节氧化酶与抗氧化酶的活性而增强抗氧化效果；④通过抑制酪氨酸酶活性来防止黑色素的生成等途径来实现对皮肤的保护作用。除茶多酚外，茶叶中的维生素 A、维生素 B_2、维生素 C 和维生素 E 及绿原酸等也有对皮肤的保护作用。加之茶叶里面营养成分丰富，因此，饮茶乃美容之佳品。

茶对眼的视功能有良好的保健作用。茶叶中含有很多营养成分，特别是其中的维生素，对眼的保养极其重要。眼的晶状体对维生素 C 的需要比其他组织要高，如维生素 C 摄入不足，晶状体可致浑浊而形成白内障。茶叶的维生素 C 含量很高，所以饮茶有预防白内障的功效。茶中所含的维生素 B_1，是维持神经（包括视神经）生

[1] 龚金炎，焦梅等 . 茶叶减肥作用的研究进展 [J]. 茶叶科学，2007（3）：179-184.

[2] 胡秀芳等 . 茶多酚对皮肤的保护与治疗作用 [J]. 福建茶叶，2000（2）：44-45.

理功能的营养物质，一旦缺乏，可发生神经炎而致视力模糊，两目干涩，故饮茶有防治神经炎的作用。茶中还含有大量的维生素 B_2，可营养眼部上皮细胞，是维持视网膜正常必不可少的活性成分。饮茶可防止缺乏 B_2 所引起的角膜混浊、眼干、视力减退及角膜炎等。夜盲症的发病，主要和缺乏维生素 A 有关，因此喝茶也能起到一定的缓解效果。

九、防泌尿系统疾病

茶叶具有较强的利尿、增强肾脏排泄的功能，临床上可以减除因小便不利而引起的多种病痛。

茶的利尿作用是由于茶汤中含有咖啡碱、茶叶碱、可可碱之故，且茶叶碱较咖啡碱强，而咖啡碱又强于可可碱。茶叶所含的槲皮素等黄酮类化合物及苷类化合物也有利尿作用，与上述成分协同作用时，利尿作用就更明显了。茶汤中还含有6，8- 二硫辛酸，是一种具有利尿和镇吐药用效能的成分。茶叶中所含的可溶性糖和双糖在被消化吸收后，会增加血液渗透压，促使过多水分进入血液，而随着血管内血液的增加，就会产生利尿作用。

十、防龋齿

龋齿是一种古老的病，造成龋齿的原因有多方面，如年龄、生理、膳食结构、饮食习惯、牙齿本身及环境条件等。但各国公认，人体一旦缺乏氟，必然引起龋齿。茶叶是含氟较高的饮料，而氟具有防龋坚骨的作用。100 克茶叶含氟 10—15 毫克，80% 可溶，每日喝茶 10 克，大约可补充 1 毫克氟，这对于牙齿的保健是有益的。因为在龋齿之初，牙面上往往有菌斑，菌斑中细菌分解食物变成糖，进一步形成酸，以侵蚀牙齿而产生龋齿。饮茶时，氟和其他有效成分进入菌斑，防止细菌生长。现代科学研究证明，如果每人每天饮用 10 克茶叶，就可以预防龋齿的发生。

其次，茶多酚及其氧化产物能有效防止蛀牙和空斑形成。茶多酚能使致龋链球菌活力下降，还能抑制该菌对唾液覆盖的羟磷灰石盘的附着，强烈抑制该菌葡萄糖苷基转移酶催化的水溶性葡聚糖合成，减少龋洞数量。

十一、防癌抗癌

茶叶的防癌、抗癌一直是茶叶药理学最活跃的研究领域。研究发现茶叶或茶叶提取物对多种癌症的发生具有抑制作用[1]，主要有：皮肤癌、肺癌、食道癌、肠癌、胃癌、肝癌、血癌、前列腺癌等。主要通过以下途径实现：

（1）抑制和阻断致癌物质的形成。茶叶对人体致癌性亚硝基化合物的形成均有不同程度的抑制和阻断作用，其中以绿茶的活性最高，其次为紧压茶、花茶、乌龙茶和红茶。此外，茶叶中儿茶素类化合物还能直接作用于已形成的致癌物质，其活性能力依次为：EGCG > ECG > EGC > EC。

（2）抑制致癌物质与 DNA 共价结合。儿茶素类化合物可使共价结合的 DNA 数量减少 34%—65%，其中以 EGCG、ECG 和 EGC 效果最明显。

（3）调节癌症发生过程的酶类。儿茶素类化合物能抑制对癌症具有促发作用的酶类，如鸟氨酸脱羧酶、脂氧合酶和环氧合酶等的活性，促进具抗癌活性的酶类，如谷胱甘肽过氧化物酶、过氧化氢酶等的活性。

（4）抑制癌细胞增殖和转移。儿茶素类化合物能显著抑制癌细胞的增殖，绿茶提取物可抑制癌细胞的 DNA 合成，EGCG、ECG 等儿茶素类化合物可阻止癌细胞转移。

（5）清除自由基。人体内过剩的自由基也是癌症发生的主因之一，因此，清除自由基也是抗癌抗突变的一个重要机制。茶叶中的儿茶素类物质特别是酯型儿茶素，具有很强的清除自由基的能力，其清除效率可达 60% 以上。

十二、预防和治疗糖尿病

茶叶能预防和治疗糖尿病，是多种成分综合作用的结果。①茶叶含的多酚和维素 C，能保持微血管的正常韧性、通透性，可使本来微血管脆弱的糖尿病人，通

---

[1] 李拥军，施兆鹏 . 茶叶防癌抗癌作用研究进展 [J]. 茶叶通讯，1997（4）：11-16.

过饮茶恢复其正常功能，对治疗有利。②茶叶芳香物质中的水杨酸甲脂能提高肝脏中肝糖原物质的含量，减轻机体糖尿病的发生。同时，饮茶可补充维生素 B_1，对防治糖代谢障碍有利。③茶叶的泛酸在糖类代谢中起到重要作用。

茶叶降血糖的有效组分目前主要有三种：一种是复合多糖，粗茶中含量高，冷开水泡茶效果明显；茶叶中含有多酚类物质、维生素 C 和维生素 B，所以正常人饮用绿茶也可以预防糖尿病的发生。防治效果：绿茶优于红茶，老茶优于新茶，冷水茶优于沸水茶。

十三、生津止渴，解暑降温

夏天，饮一杯热茶，不但可以生津止渴，而且可使全身微汗、解暑。这是茶不同于其他饮料的应用。

茶水中的多酚类、糖类、果胶、氨基酸等与口腔中的唾液发生化学反应，使口腔保持滋润，起到止渴生津的作用；茶汤中的多酚类结合各种芳香物质，可给予口腔黏膜以轻微的刺激而产生鲜爽的滋味，促进唾液分泌，津生渴止。咖啡碱可以从内部控制体温调节中枢，达到防暑降温的目的，促进汗腺分泌。另外，生物碱的利尿作用也能带走热量，有利于体温下降，从而发挥清热消暑的作用。出汗会使体内钠、钙、钾和维生素 B、维生素 C 等成分减少，也加重渴感，而茶叶富有上述成分，且易泡出，尤其维生素 C，可以促进细胞对氧的吸收，减轻机体对热的反应，增加唾液的分泌。

十四、解毒、抗病毒

茶是某些麻醉药物（乙醇、烟碱、吗啡）的拮抗剂，毒害物质的沉淀剂（重金属离子），病原微生物的抑制剂，因此其解毒的作用是较全面的。多酚及茶色素能与汞、砷、镉离子结合，延迟及减少毒物的吸收。茶中锌是镉的对抗剂，临床以茶灌服治误吞重金属。

抗菌杀菌作用：茶多酚具有抗菌广谱性，并具较强的抑菌能力和极好的选择性，它对自然界中几乎所有的动、植物病原细菌都有一定的抑制能力，不会使细菌产耐药性。抑菌所需的茶多酚浓度较低。此外，茶还具有抗病毒作用：茶色素、儿茶素对人免疫缺陷病毒、流感病毒有抑制作用。

十五、延年益寿

人体衰老是自由基代谢平衡失调的综合表现。自由基引起细胞膜损害，脂质素（老年色素）随年龄增大而大量堆积，影响细胞功能。人体衰老的另一个重要原因是体内脂肪的过氧化过程。

在现代高龄老人们中，很多人都有饮茶的嗜好。上海市曾有一位超过百岁的张殿秀老太太，每天起床后就要空腹喝一杯红茶，这是她从二十几岁起就养成的一种习惯。四川省万源县大巴山深处的青花乡被称为"巴山茶乡"，由于那里的人都有种茶、喝茶的习惯，所以全乡10000多人中至今未发现一例癌症患者。那里有100多名老人，平均年龄都在80岁以上，最大的已超过百岁。吴觉农老先生一生研究茶、酷爱茶，活到92岁。

现代科学研究进一步表明，茶叶在抗衰老、防癌症、健身益寿方面能起到积极的作用。对一般正常人来说，茶叶已成了一种理想的长寿饮料。

对茶叶中的多酚类物质抗衰老性能进行试验和研究后发现，茶多酚是一种强有力的抗氧化物质，对细胞的突然变异有着很强的抑制作用。茶多酚能高效清除自由基，优于维生素C和维生素E；同时，茶叶具有丰富的维生素C和维生素E，它们都具有很强的抗氧化活性，维生素E被医学界公认为抗衰老药物，然而茶叶中的茶多酚对人体内产生的过氧化脂肪酸的抑制效果要比维生素E强近20倍，具有防止人老化的作用。

此外，茶叶中的多种氨基酸对防衰老也有一定作用。如胱氨酸有促进毛发生长与防止早衰的功效；赖氨酸、苏氨酸、组氨酸对促进生长发育和智力有效，又可增加钙与铁的吸收，有助于预防老年性骨质疏松症和贫血；微量氟也有预防老年性骨质疏松的作用。

日本癌学会也认为，绿茶中的鞣酸能够控制癌细胞的增殖，长期饮茶，尤其是饮绿茶，对防癌益寿确有效果。日本新近的一项研究报告也表明：饮茶对促进长寿的确大有裨益，在日本研习茶道的人往往多高寿。茶叶已被证明是人类的长寿饮料，正常的成年人若能养成合理而科学的饮茶习惯，这对防癌、健身、长寿是大有好处的。因此，"常饮香茗助长寿，长寿得益品茗中"是有一番道理的。

第三节　茶：行道会友的文明饮料

现代社会，专业分工越来越细，不论哪个行业，从事何种工作，都少不了社交活动。茶因其具有的色香味形令人神往、赏心悦目，因其可生津益气、提神醒脑而为人所用，因此，茶从中国传至世界五大洲，成为各国人民津津乐道的文明饮料，在社交活动中发挥着重要的桥梁和纽带作用。2002 年在马来西亚吉隆坡举行的第七届国际茶文化研讨会上，马来西亚首相马哈迪尔的献词说道："如果有什么东西可以促进人与人之间关系的话，那便是茶。茶味香馥甘醇，意境悠远，象征中庸和平。在今天这个文明与文明互动的世界里，人类需要对话交流，茶是对话交流最好的中介。"这段话简明地说明了茶叶在社交活动中的重要性。在我们这个饮茶大国，当今人们就更加重视茶在社交中的作用了。

人们常说以文会友，以书会友，是说文和书都是可以作为媒介的，在人们的相互交往中发挥过重要作用。其实，以茶会友也是由来已久的，人们在论茶、品茶中敞开心扉、加深了解，以至成为茶友，结下终生友谊，流传过许多动人的佳话。

以茶会友，向来是我们民族的一个优良传统。晋代曾官至尚书的陆纳，堪称以茶会友的楷模。卫将军谢安去拜访他，他仅以一杯清茶和几件果品招待。而他侄子陆俶暗暗准备了丰盛的筵席，本想讨好叔父，却不料反遭四十大板。陆纳身居高位，不尚奢华，"恪勤贞固，始终勿渝"，确实是一位以俭德著称的人物。其实，任何一种社交方式，都是一种文化，一种层次，一种真正属于自己的生活观念。他们叔侄二人的不同社交方式，正是他们不同文化层次与生活观念的反应。唐宋以来，名人雅士常以茶来宴请宾朋好友，唐诗中就有许多记叙和吟咏茶宴的诗作。钱起《与赵莒茶宴》云："竹下忘言对紫茶，全胜羽客醉流霞。"李嘉祐《秋晚招隐寺东峰茶宴送内弟阎伯均归江州》有句："幸有香茶留稚子，不堪秋草送王孙。"鲍君徽有《东亭茶宴》诗："坐久此中无限兴，更怜团扇起清风。"峰峦竹林，紫茶清风，亲朋欢聚，挚友抒怀，其雅趣绝不亚于流霞肴馔。谢灵运的十世孙、唐代著名诗僧皎然，还一反"酒贵茶贱"论，在《与陆处士羽饮茶》中云："九日山僧院，东篱菊也黄。俗人多泛酒，谁解助茶香。"十足是一位诗僧加茶僧的生活观念。宋代有一种茶会，是在太学中举行的，轮日聚集饮茶。这可能就是今日茶话会的肇端。

近人也多有以茶会友的。诗人柳亚子与毛泽东"饮茶粤海"，一杯清茶，坦诚相见，三十一年萦怀难忘，彼此隆情厚谊，早已传为佳话。20 世纪 30 年代柳亚子在上海还办过一个文艺茶话会。据当时参加者回忆，茶话会不定期地在茶室举行，多次是在南京路的新亚酒店，每人要一盅茶，几碟点心，自己付钱，三三两两，自由交谈，没有形式，也没有固定话题。这种聚会既简洁实惠，又便于交谈讨论，看若清淡，却给人留下深刻印象，是酒席宴所不能及的。鲁迅最喜欢与朋友上茶馆喝茶，日记中记述很多。他居住北京时常与刘半农、孙伏园、钱玄同等好友去青云阁；或与徐悲鸿等去中兴茶楼，啜茗畅谈，尽欢而散。周作人曾说："清泉绿茶，用素雅的陶瓷茶具，同二三人共饮，得半日之闲，可抵十年的尘梦。"[1]

当年周恩来、陈毅常陪外国宾客访茶乡，品新茶。周恩来五次到西湖龙井茶产地梅家坞。1961 年 8 月 19 日，陈毅陪巴西朋友访梅家坞，品茶别泉，"嘉宾咸喜悦"，可称"茶叶外交"了。

2015 年 1 月 12 日，中共中央总书记习近平在人民大会堂同越共中央总书记阮富仲举行了会谈。会谈后，两党总书记进行了茶叙，畅谈中越共通的茶文化，共叙两党两国关系未来。同年 1 月 15 日，国家主席习近平在瑞士联邦主席洛伊特哈德的陪同下，乘坐瑞士政府专列自苏黎世前往瑞士首都伯尔尼。在专列行进过程中，习近平和夫人彭丽媛受洛伊特哈德主席夫妇邀请，在轻松愉快的氛围中品茶畅谈。2016年 9 月 3 日，在 G20 杭州峰会召开前夕，习近平主席和奥巴马总统在杭州西湖国宾馆举行了一次重要会晤，会后习近平与奥巴马在西湖国宾馆的凉亭喝茶并在湖边漫步。2018 年 2 月 1 日下午，国家主席习近平和夫人彭丽媛在北京钓鱼台国宾馆同来

---

[1]　周作人 . 喝茶 [M]// 苦茶随笔 . 北平：北新书局，1935.

华访问的英国首相特雷莎·梅（Theresa May）和丈夫菲利普·梅（Philip May）茶叙。这些可谓新时代的"茶叶外交"。

历史延续至今，中国各民族饮茶习俗不同，但客来敬茶、以茶待客的精神是一致的。云南白族的三道茶、藏族的酥油茶、蒙古族的奶茶、广东福建的工夫茶等，都是在客人到来时，必用的招待形式。这充分体现了礼仪之邦的我国人民对友人的盛情好客，是中华民族的一大传统美德。

淡中有味茶偏好。清茶一杯所联结起来的朋友，情感更纯真。以茶会友，友谊长久。茶，应该更多地走向社交场。

第四节　茶：润泽身心的和谐饮料

2014年4月2日，中国国家主席习近平在比利时布鲁日欧洲学院发表重要演讲，在论述中国与欧洲的关系时，以茶和酒比喻东西方文明："茶的含蓄内敛和酒的热烈奔放代表了品味生命、解读世界的两种不同方式。但是，茶和酒并不是不可兼容的，既可以酒逢知己千杯少，也可以品茶品味品人生。"中国主张"和而不同"，而欧盟强调"多元一体"。中欧要共同努力，促进人类各种文明之花竞相绽放。[1] 由此可见，茶是"和谐饮料"，对构建和谐社会、和谐世界有着重要的作用。

一、茶叶具有调节人体自身和谐的作用

和谐社会的基础是社会每个个体自身和谐的结果，社会成员的每一分子自身和谐了，才有全社会的和谐。人的自身的和谐要有健康的身体和健康的心灵，而茶叶正具备了这样的功能。目前科学家已研究证明，茶叶对人体的医疗保健作用几乎无处不在，从基本作用的解渴、利尿、解毒、兴奋，到抗肿瘤、降血压、降血脂、降

[1]　习近平.习近平在布鲁日欧洲学院的演讲 [EB/OL].新华网，（2014-04-01）[2018-10-11].http://www.xinhuanet.com/politics/2014—04/01/c_1110054309.htm.

血糖、防辐射等现代疑难杂症，都有不同程度的作用，长期合理饮茶，对人体的保健作用是明显有效的。

茶叶不仅是物质的，更是文化和精神的。茶文化包括茶文学、茶美术、茶音乐、茶舞蹈、茶品饮艺术等，对于提高社会成员的素质，增进社会成员的雅趣，都是很好的项目。再如茶道，茶道提倡俭、清、和、静、寂、廉、洁、美等，很有益于净化人们的心灵。

二、茶叶具有增进社会和谐的作用

从茶叶经济上看。譬如，福建茶叶总产量居全国第一，茶园面积居全国第三，涉茶人数约有 300 万人，占全省总人口的 1/10，有关的行业有农业、工业、商业、外贸、交通、能源、环保、食品、医药、机械、文化，由此足以看出茶的经济地位。如果少了茶叶，将对各行各业，特别是山区农村经济、农民收入造成不可弥补的损失。发展茶叶，对两个文明建设、创建和谐社会具有积极作用。

从茶叶的性质上看。茶叶是叶用植物，其内含物决定了茶叶的秉性是俭朴、清淡、谦和、宁静，也就是茶叶大师张天福说的"茶尚俭，节俭朴素；茶贵清，清正廉洁；茶导和，和睦处世；茶致静，恬淡致静"。从茶叶的性质内涵上看，对于我们创造和谐社会有着重要启示意义。此外，茶叶还有先苦后甜、不得污染的特性，所以茶圣陆羽说茶"最宜精行修德"，现代人则有"人生如茶"的比喻，茶性对于励志人生、洁净自爱也有积极的寓意。

从茶文化的作用上看。我国是茶的祖国，茶为国饮，与人类文化结缘，至今已有 3000 多年的历史，茶文化已成为独具东方魔力的特色文化。茶文化就是关于茶的物质、制度、精神的文化形态。茶文化注重协调人与人的相互关系，提倡对人尊重、友好相处、团结互助；茶文化具有知识性、趣味性、康乐性，对提高人们生活质量、丰富文化生活具有明显的作用；茶文化还是一种活动，有利于增进国内外交流，提高人们对健康生活方式追求的高雅情趣，倡导科学的生活方式。不可否认，茶文化是创建和谐社会的增进剂。

三、茶业是与自然界相和谐的产业

和谐社会，不仅包括人类社会的和谐，还包括人类与自然的和谐，其中人类与自然的和谐才是完美的和谐。在众多的产业中，茶产业是能使人类与自然界和谐的产业，既能和谐人类社会，又不破坏自然环境。

首先，茶树是绿色植物，种植茶树绿化荒山，保持水土，又美化环境，又因茶树是常绿长寿植物，能长期保护和稳定生态。其次，茶叶生产要求茶叶在种植、采摘、初制加工、精制加工、包装、运输、销售等全过程中不添加任何化工产品，无污染，无公害，因此正常的茶叶生产过程不会破坏环境，茶产品也不会对人体造成危害；而且，茶产品含有大量的天然成分，有益于人体健康。再次，茶产品的废弃物——茶渣，可以用作填充物、肥料，作为垃圾也不污染环境。

茶叶是和谐饮料，因此，我们从更高的角度、更大的范围阐明了茶的功效与作用。我们要重新认识、重新评估茶的地位与作用，把茶产业摆在相应的位置，广泛宣传，努力实践，让茶叶登上更大的舞台。

参考文献

[1] 陈祖槼，朱自振．中国茶叶历史资料选辑 [M]．北京：农业出版社，1981．

[2] 王镇恒，王广智．中国名茶志 [M]．北京：中国农业出版社，2000．

[3] 关剑平．茶与中国文化 [M]．北京：人民出版社，2001．

[4] 孙洪升．唐宋茶叶经济 [M]．北京：社会科学文献出版社，2001．

[5] 王广智．中国茶类与区域名茶 [M]．北京：中国农业科学技术出版社，2003．

[6] 徐晓村．中国茶文化 [M]．北京：中国农业大学出版社，2005．

[7] 中国茶叶博物馆．图说中国茶艺 [M]．杭州：浙江摄影出版社，2005．

[8] 宛晓春．中国茶谱 [M]．北京：中国林业出版社，2007．

[9] 杨江帆．茶语三千话嘉木：中国名优茶文化掌故 [M]．福州：海峡文艺出版社，2007．

[10] 周巨根，朱永兴．茶学概论 [M]．北京：中国中医药出版社，2008．

[11] 陈椽．茶业通史 [M]．2 版．北京：中国农业出版社，2008．

[12] 朱自振．茶史初探 [M]．北京：中国农业出版社，2008．

[13] 陈宗懋．中国茶经 [M]．上海：上海文化出版社，2008．

[14] 张莉颖．茶艺基础 [M]．上海：上海文艺出版社，2009．

[15] 张新华．茶艺师 [M]．武汉：湖北科学技术出版社，2009．

[16] 周圣弘，罗爱华．简明中国茶文化 [M]．武汉：华中科技大学出版社，2017．

[17] 丁以寿．中国饮茶法源流考 [J]．农业考古，1999（2）．

[18] 陈香白，陈再．潮州工夫茶艺概说 [J]．广东茶业，2002（4）．

[19] 曾维超，宗庆波．湖北省茶产业发展"十二五"成效显著 [J]．中国茶叶，2015（10）．

后　记

历史已进入一个新的时代。物质生活的富裕所带来的满足感，正在悄然让位于精神生活的充实之需求。单就茶饮生活而言，我们已经一脚踏入了"琴棋书画诗酒茶"的时代。茶，不再只是我们物质生活的符号，而越来越成为我们精神的符码。喝茶，不仅要喝出健康，也要喝出品位，喝出文化。

知堂老人说："喝茶当于瓦屋纸窗之下，清泉绿茶，用素雅的陶瓷茶具，同二三人共饮，得半日之闲，可抵十年的尘梦。喝茶之后，再去继续修各人的胜业，无论为名为利，都无不可，但偶然的片刻优游乃正亦断不可少。"（周作人《喝茶》）所谓"偷得浮生半日闲"，即是饮茶的最高境界矣。

有鉴于此，我们策划并撰写了这本《湖北名茶及其冲泡技艺》，它也是国家级大学生创新项目"互联网视阈下的湖北名茶及其冲泡技艺研究"（编号：201811654023）的最终成果之一。希望它的出版发行，能够为湖北名茶的传播和湖北名茶的冲泡技法与品饮方式的丰富添助力，也为湖北茶文化与产业的建设和发展添砖加瓦。

本书的前言、第一章、第二章、第五章，为周圣弘撰写；第三章和第四章，由柳娟撰写初稿，周圣弘修改；最后，由周圣弘统稿、定稿。

本书的撰写过程中，参考了前人和时人的不少研究成果，特此感谢。

我们期待着茶友们的批评与指正。

周圣弘　柳娟

2018 年 10 月 18 日于武汉商学院